One Earth, One Future: A Call to Action for Climate Change and Biodiversity Conservation

एक ही धरती, एक ही भविष्य: जलवायु परिवर्तन और जैव विविधता संरक्षण के लिए कदम बढ़ाने का आह्वान

Anuj Kapadia

Copyright © [2023]

Title: One Earth, One Future: A Call to Action for Climate Change and Biodiversity Conservation
Author's: Anuj Kapadia

This book was printed and published by [Publisher's: **Anuj Kapadia**] in [2023]

ISBN:

TABLE OF CONTENT

Chapter 1: The Intertwined Crises of Climate Change and Biodiversity Loss

- Introduction: An overview of the interconnectedness of climate change and biodiversity loss.

- Defining the crises: Explanation of climate change and biodiversity loss, their causes, and consequences.

- The urgency of action: Presenting the scientific evidence and highlighting the need for immediate action.

- Case studies: Real-world examples of the impacts of climate change and biodiversity loss on communities and ecosystems.

Chapter 2: Understanding the Science

- Understanding the Earth's climate system: A basic explanation of the greenhouse effect, natural climate variability, and human-caused climate change.

- Exploring the importance of biodiversity: The role of biodiversity in maintaining healthy ecosystems and providing essential services.

- The feedback loop: How climate change and biodiversity loss exacerbate each other, creating a dangerous and accelerating cycle.

- Scientific consensus and future projections: Presenting the current scientific understanding and predictions for the future under different scenarios.

Chapter 3: Mitigating Climate Change: 30

- Reducing greenhouse gas emissions: Exploring various strategies for decarbonization, including energy efficiency, renewable energy, and sustainable transportation.

- Engaging individuals and communities: Empowering individuals to take action in their daily lives and promoting community-based initiatives.

- Policy and regulations: Advocating for effective policies and regulations that support emissions reduction and sustainable development.

- International cooperation: Highlighting the importance of global collaboration and ambitious international agreements.

Chapter 4: Protecting Biodiversity: 43

- Conservation and restoration: Exploring strategies for protecting existing ecosystems and restoring degraded lands.

- Indigenous knowledge and leadership: Recognizing the critical role of Indigenous communities in protecting biodiversity and advocating for their land rights.

- Sustainable use of natural resources: Promoting practices that allow for human needs to be met without harming the environment.

- Addressing biodiversity loss through systemic change: Examining how economic and social systems contribute to biodiversity loss and proposing solutions.

Chapter 5: Building a Sustainable Future 56

- Embracing a new paradigm: Shifting towards a new mindset that values sustainability and interconnectedness.

- Transforming our economies: Building a future that is just, equitable, and within planetary boundaries.

- Cultivating hope and resilience: Fostering individual and collective action through education, communication, and social movements.

- The role of youth and future generations: Empowering young people to take leadership roles in driving positive change.

- A call to action: A powerful conclusion summarizing the urgency of the situation and inspiring readers to take action.

TABLE OF CONTENT

अध्याय 1: जलवायु परिवर्तन और जैव विविधता हानि के अंतर्संबंधित संकट 09

अध्याय 2: विज्ञान को समझना 19

अध्याय 3: जलवायु परिवर्तन को कम करना: 30

ग्रीनहाउस गैस उत्सर्जन को कम करना: डीकार्बोनाइजेशन के लिए विभिन्न रणनीतियों की खोज, जिसमें ऊर्जा दक्षता, अक्षय ऊर्जा और टिकाऊ परिवहन शामिल हैं।

व्यक्तियों और समुदायों को शामिल करना: व्यक्तियों को अपने दैनिक जीवन में कार्रवाई करने और समुदाय-आधारित पहलों को बढ़ावा देने के लिए सशक्त बनाना।

नीति और नियम: उत्सर्जन में कमी और सतत विकास का समर्थन करने वाली प्रभावी नीतियों और नियमों की वकालत करना।

अंतर्राष्ट्रीय सहयोग: वैश्विक सहयोग और महत्वाकांक्षी अंतर्राष्ट्रीय समझौतों के महत्व को उजागर करना।

अध्याय 4: जैव विविधता का संरक्षण: 43

संरक्षण और बहाली: मौजूदा पारिस्थितिक तंत्रों की रक्षा और क्षतिग्रस्त भूमि को बहाल करने के लिए रणनीतियों की खोज।

पारंपरिक ज्ञान और नेतृत्व: जैव विविधता की रक्षा में स्वदेशी समुदायों की महत्वपूर्ण भूमिका को स्वीकार करना और उनके भूमि अधिकारों की वकालत करना।

प्राकृतिक संसाधनों का सतत उपयोग: उन प्रथाओं को बढ़ावा देना जो पर्यावरण को नुकसान पहुंचाए बिना मानव की जरूरतों को पूरा करने की अनुमति देती हैं।

प्रणालीगत परिवर्तन के माध्यम से जैव विविधता हानि को संबोधित करना: यह जांचना कि आर्थिक और सामाजिक व्यवस्थाएं जैव विविधता हानि में कैसे योगदान करती हैं और समाधान प्रस्तावित करती हैं।

अध्याय 5: एक सतत भविष्य का निर्माण   56

- एक नए प्रतिमान को अपनाना: स्थायित्व और अंतर्संबंध को महत्व देने वाली एक नई मानसिकता की ओर बढ़ना।

- हमारी अर्थव्यवस्थाओं को बदलना: एक ऐसा भविष्य बनाना जो न्यायपूर्ण, समान और ग्रह की सीमाओं के भीतर हो

- आशा और लचीलापन का पोषण: शिक्षा, संचार और सामाजिक आंदोलनों के माध्यम से व्यक्तिगत और सामूहिक कार्रवाई को बढ़ावा देना

- युवाओं और भविष्य की पीढ़ियों की भूमिका: सकारात्मक परिवर्तन लाने में अग्रणी भूमिका निभाने के लिए युवाओं को सशक्त बनाना

- आह्वान: एक शक्तिशाली निष्कर्ष स्थिति की तात्कालिकता को सारांशित करता है और पाठकों को कार्रवाई करने के लिए प्रेरित करता है।

Chapter 1: The Intertwined Crises of Climate Change and Biodiversity Loss

अध्याय 1: जलवायु परिवर्तन और जैव विविधता हानि के अंतर्संबंधित संकट

परिचय: जलवायु परिवर्तन और जैव विविधता हानि की अंतर्संबंधिता का एक सिंहावलोकन

हमारी पृथ्वी एक अविश्वसनीय रूप से जटिल और नाजुक संतुलन में मौजूद है। विभिन्न पारिस्थितिकी तंत्र, पौधों और जानवरों की प्रजातियाँ, और भौतिक वातावरण सभी एक दूसरे से जुड़े हुए हैं और एक दूसरे पर निर्भर हैं। यह जटिल सामंजस्य ही हमें जीवन को बनाए रखने के लिए आवश्यक संसाधन प्रदान करता है और एक ऐसा वातावरण बनाता है जो संपन्न हो सकता है।

हालांकि, हाल के दशकों में, हमने इस संतुलन में एक गंभीर गिरावट देखी है, जिसके परिणामस्वरूप दो गंभीर और परस्पर जुड़े संकटों का उदय हुआ है: जलवायु परिवर्तन और जैव विविधता हानि। ये दोनों मुद्दे दुनिया के सामने सबसे बड़ी चुनौतियों में से एक हैं, और उन्हें एक साथ संबोधित करना आवश्यक है।

जलवायु परिवर्तन को पृथ्वी के औसत तापमान में वृद्धि के रूप में परिभाषित किया गया है। यह वृद्धि मुख्य रूप से मानवीय गतिविधियों के कारण होती है, विशेष रूप से जीवाश्म ईंधन के जलने से उत्पन्न ग्रीनहाउस गैसों का उत्सर्जन। ये गैसें पृथ्वी के वायुमंडल को गर्म करती हैं, जिससे दुनिया भर में तापमान बढ़ता है।

जलवायु परिवर्तन के प्रभाव व्यापक और विनाशकारी हैं। इसमें शामिल है:

- चरम मौसम की घटनाओं में वृद्धि: जैसे तूफान, बाढ़, सूखा और जंगल की आग।

- समुद्र के स्तर में वृद्धि: जो तटीय समुदायों को बाढ़ के खतरे में डालती है।

- कृषि उत्पादकता में कमी: जो खाद्य सुरक्षा के लिए खतरा है।

- गंभीर स्वास्थ्य समस्याओं का बढ़ता खतरा: जैसे हीट स्ट्रोक और जलजनित रोग।

जैव विविधता हानि को पृथ्वी पर जीवन के विभिन्न रूपों की संख्या और विविधता में कमी के रूप में परिभाषित किया गया है। यह प्राकृतिक आवासों के विनाश, जलवायु परिवर्तन के प्रभाव, प्रदूषण, और अत्यधिक शोषण के कारण होता है।

जैव विविधता हानि के गंभीर परिणाम हैं, जिनमें शामिल हैं:

- पारिस्थितिक तंत्रों की सेवाओं में व्यवधान: जैसे जल शोधन, परागण और बाढ़ नियंत्रण।

- खाद्य सुरक्षा के लिए खतरा: क्योंकि प्रजातियों के विलुप्त होने से खाद्य स्रोत कम हो जाते हैं।

- नए रोगों का उद्भव: क्योंकि मानव और जानवरों के बीच संपर्क बढ़ जाता है।

- संस्कृतियों और पारंपरिक ज्ञान का नुकसान: जो जैव विविधता के संरक्षण के लिए महत्वपूर्ण हैं।

जलवायु परिवर्तन और जैव विविधता हानि एक खतरनाक प्रतिक्रिया लूप में फंसे हुए हैं:

- जलवायु परिवर्तन जैव विविधता हानि को तेज करता है, क्योंकि बढ़ते तापमान और बदलते मौसम के पैटर्न प्रजातियों को विलुप्ति के खतरे में डालते हैं और पारिस्थितिक तंत्रों को नष्ट कर देते हैं।

- जैव विविधता हानि जलवायु परिवर्तन को बढ़ा देती है, क्योंकि जंगलों और अन्य प्राकृतिक आवासों का नुकसान कार्बन डाइऑक्साइड, एक प्रमुख ग्रीनहाउस गैस, को अवशोषित करने की पृथ्वी की क्षमता को कम कर देता है।

परिभाषित संकट: जलवायु परिवर्तन और जैव विविधता हानि की व्याख्या, उनके कारण और परिणाम

आधुनिक युग ने हमें दो सबसे बड़े पर्यावरणीय संकटों के सामने खड़ा कर दिया है जिनका मानव जाति ने कभी सामना किया है: जलवायु परिवर्तन और जैव विविधता हानि। ये दोनों संकट न केवल पृथ्वी के प्राकृतिक वातावरण को खतरे में डालते हैं, बल्कि मानव अस्तित्व के लिए भी एक गंभीर खतरा पैदा करते हैं।

जलवायु परिवर्तन: एक गर्म होता ग्रह

जलवायु परिवर्तन पृथ्वी के औसत तापमान में दीर्घकालिक वृद्धि को संदर्भित करता है, जिसके परिणामस्वरूप मौसम के पैटर्न में बदलाव, चरम मौसम की घटनाओं में वृद्धि और समुद्र के स्तर में वृद्धि होती है। इस तापमान वृद्धि का मुख्य कारण मानवीय गतिविधियां हैं, विशेष रूप से जीवाश्म ईंधनों जैसे कोयला, तेल और गैस का जलना। ये ईंधन जलने पर ग्रीनहाउस गैसों का उत्सर्जन करते हैं, जो पृथ्वी के वायुमंडल में जमा हो जाते हैं और सूर्य से गर्मी को फँसाने का काम करते हैं।

जलवायु परिवर्तन के कुछ प्रमुख कारणों में शामिल हैं:

- जीवाश्म ईंधन का जलना: ऊर्जा उत्पादन, परिवहन और औद्योगिक प्रक्रियाओं के लिए जीवाश्म ईंधनों का दहन कार्बन डाइऑक्साइड, मीथेन और नाइट्रस ऑक्साइड सहित प्रमुख ग्रीनहाउस गैसों के उत्सर्जन में योगदान देता है।

- वनों की कटाई: पेड़ कार्बन डाइऑक्साइड को अवशोषित करते हैं और इसे वायुमंडल से बाहर रखते हैं। वनों की कटाई से इस महत्वपूर्ण प्राकृतिक कार्बन सिंक को नष्ट कर दिया जाता है, जिससे वायुमंडल में कार्बन डाइऑक्साइड का स्तर बढ़ जाता है।

कृषि: कृषि प्रथाएं जैसे गहन खेती और पशुधन पालन ग्रीनहाउस गैसों का उत्सर्जन करती हैं, विशेष रूप से मीथेन और नाइट्रस ऑक्साइड।

औद्योगिक गतिविधियां: औद्योगिक प्रक्रियाएं जैसे सीमेंट उत्पादन और एल्यूमीनियम गलाने कार्बन डाइऑक्साइड और अन्य ग्रीनहाउस गैसों का उत्सर्जन भी करती हैं।

जलवायु परिवर्तन के कुछ प्रमुख परिणामों में शामिल हैं:

चpe3म मौसम की घटनाओं में वृद्धि: तूफान, बाढ़, सूखा और जंगल की आग जैसे चरम मौसम की घटनाएं अधिक बार और अधिक गंभीर हो रही हैं।

समुद्र के स्तर में वृद्धि: गर्म समुद्र का पानी फैलता है और ग्लेशियरों और बर्फ की चादरें पिघलती हैं, जिससे समुद्र का स्तर बढ़ता है। यह तटीय समुदायों को बाढ़ के खतरे में डालता है और भूमि के बड़े हिस्से को समुद्र में डूब सकता है।

कृषि उत्पादकता में कमी: बढ़ते तापमान और बदलते मौसम के पैटर्न से कृषि उत्पादकता में कमी आ सकती है, जिससे खाद्य सुरक्षा के लिए खतरा पैदा हो सकता है।

गंभीर स्वास्थ्य समस्याओं का बढ़ता खतरा: हीट स्ट्रोक, जलजनित रोग और वायु प्रदूषण से संबंधित बीमारियों सहित गंभीर स्वास्थ्य समस्याओं का खतरा बढ़ रहा है।

कार्रवाई की तात्कालिकता: वैज्ञानिक प्रमाण प्रस्तुत करना और तत्काल कार्रवाई की आवश्यकता पर प्रकाश डालना

जलवायु परिवर्तन और जैव विविधता हानि मानव सभ्यता के सामने सबसे गंभीर खतरों में से दो हैं। इन संकटों के वैज्ञानिक प्रमाण अकाट्य हैं, और उनके परिणाम विनाशकारी हो सकते हैं यदि हम तत्काल कार्रवाई नहीं करते हैं।

जलवायु परिवर्तन के अकाट्य प्रमाण:

- वैश्विक औसत तापमान पिछली शताब्दी में 1 डिग्री सेल्सियस बढ़ गया है, और इस सदी के अंत तक और 2-4 डिग्री सेल्सियस बढ़ने की उम्मीद है।

- समुद्र का स्तर पिछली शताब्दी में लगभग 20 सेमी बढ़ गया है, और इस सदी के अंत तक एक मीटर या उससे अधिक बढ़ने की उम्मीद है।

- चरम मौसम की घटनाएं जैसे तूफान, बाढ़, सूखा और जंगल की आग अधिक बार और अधिक गंभीर हो रही हैं।

- ग्लेशियर पिघल रहे हैं, ध्रुवीय बर्फ की चादरें सिकुड़ रही हैं, और समुद्र का अम्लीकरण बढ़ रहा है।

जैव विविधता हानि के अकाट्य प्रमाण:

- दुनिया भर में प्रजातियां अभूतपूर्व दर से विलुप्त हो रही हैं। वैज्ञानिकों का अनुमान है कि वर्तमान में विलुप्त होने की दर प्राकृतिक पृष्ठभूमि दर से सैकड़ों से हजारों गुना अधिक है।

- जंगलों और अन्य प्राकृतिक आवासों को नष्ट किया जा रहा है, जिससे प्रजातियों के लिए निवास स्थान का नुकसान हो रहा है।

- प्रदूषण और जलवायु परिवर्तन प्रजातियों को उनके आवासों से विस्थापित कर रहे हैं और उन्हें विलुप्त होने के खतरे में डाल रहे हैं।

तत्काल कार्रवाई की आवश्यकता:

वैज्ञानिक प्रमाण स्पष्ट है: जलवायु परिवर्तन और जैव विविधता हानि वास्तविक हैं, वे मानव-जनित हैं, और यदि हम तत्काल कार्रवाई नहीं करते हैं तो उनके गंभीर परिणाम होंगे। हमें अब कार्रवाई करने की आवश्यकता है, क्योंकि भविष्य हमारे हाथ में है।

यदि हम कार्रवाई नहीं करते हैं, तो हम गंभीर परिणामों का सामना कर सकते हैं:

- खाद्य सुरक्षा के लिए खतरा, क्योंकि कृषि उत्पादकता में कमी आएगी।

- बड़े पैमाने पर विस्थापन, क्योंकि तटीय समुदायों को बाढ़ का खतरा होगा और चरम मौसम की घटनाओं से संपत्ति का नुकसान होगा।

- गंभीर स्वास्थ्य समस्याएं, जैसे हीट स्ट्रोक, सांस की बीमारियां और संक्रामक रोग।

- सामाजिक अशांति और संघर्ष, क्योंकि संसाधनों के लिए प्रतिस्पर्धा बढ़ जाती है।

- जैव विविधता का एक बड़ा नुकसान, क्योंकि प्रजातियां विलुप्त हो जाती हैं और पारिस्थितिक तंत्र नष्ट हो जाते हैं।

हालाँकि, अगर हम अब कार्रवाई करते हैं, तो हम जलवायु परिवर्तन के सबसे खराब प्रभावों से बच सकते हैं और एक स्वस्थ और टिकाऊ भविष्य बना सकते हैं।

हम निम्नलिखित कार्यों को करके कार्रवाई कर सकते हैं:

- नवीकरणीय ऊर्जा स्रोतों में संक्रमण।
- जीवाश्म ईंधन का उपयोग कम करना।

- ऊर्जा दक्षता में सुधार।
- जंगलों और अन्य प्राकृतिक आवासों को संरक्षित और बहाल करना।
- जैविक खेती और पशुपालन को बढ़ावा देना।
- प्रजातियों के विलुप्त होने को रोकने के लिए प्रयासों का समर्थन करना।
- जलवायु परिवर्तन और जैव विविधता हानि के बारे में जागरूकता बढ़ाना।

कार्रवाई की तात्कालिकता: वैज्ञानिक प्रमाण प्रस्तुत करना और तत्काल कार्रवाई की आवश्यकता को उजागर करना

जलवायु परिवर्तन और जैव विविधता हानि दो गंभीर संकट हैं जो हमारी पृथ्वी को खतरे में डालते हैं। विज्ञान स्पष्ट है: इन संकटों का कारण मानवीय गतिविधियां हैं, और उनके गंभीर परिणाम होंगे यदि हम तत्काल कार्रवाई नहीं करते हैं।

वैज्ञानिक प्रमाण:

जलवायु परिवर्तन वास्तविक है और मानव-जनित है: वैज्ञानिक सर्वसम्मति यह है कि ग्लोबल वार्मिंग वास्तविक है और मानवीय गतिविधियों, विशेष रूप से जीवाश्म ईंधन के जलने से ग्रीनहाउस गैसों के उत्सर्जन के कारण हो रही है। अंतर्राष्ट्रीय पैनल ऑन क्लाइमेट चेंज (IPCC) की पांचवीं आकलन रिपोर्ट में निष्कर्ष निकाला गया है कि "यह अत्यधिक संभावना है (95% से अधिक संभावना) कि मानव प्रभाव 20 वीं सदी के मध्य के बाद से देखे गए वार्मिंग के प्रमुख कारण रहे हैं।"

जैव विविधता हानि अभूतपूर्व दर से हो रही है: प्रजातियों के विलुप्त होने की दर प्राकृतिक पृष्ठभूमि दर से सैकड़ों से हजारों गुना अधिक है। इस हानि का मुख्य कारण प्राकृतिक आवासों का विनाश, जलवायु परिवर्तन, प्रदूषण और अत्यधिक शोषण है।

जलवायु परिवर्तन और जैव विविधता हानि परस्पर जुड़े हुए हैं: ये दोनों संकट एक दूसरे को बढ़ाते हैं। उदाहरण के लिए, जलवायु परिवर्तन प्रजातियों के विलुप्त होने को तेज कर सकता है, और जैव विविधता हानि कार्बन डाइऑक्साइड को अवशोषित करने की पृथ्वी की क्षमता को कम कर सकती है, जिससे जलवायु परिवर्तन बढ़ जाता है।

तत्काल कार्रवाई की आवश्यकता:

वैज्ञानिक प्रमाण स्पष्ट है: जलवायु परिवर्तन और जैव विविधता हानि की चुनौतियों से निपटने के लिए हमें तत्काल और निर्णायक कार्रवाई करने की आवश्यकता है। देरी करने से इन संकटों के गंभीर परिणाम हो सकते हैं, जिनमें शामिल हैं:

- खाद्य सुरक्षा के लिए खतरा: जलवायु परिवर्तन से कृषि उत्पादकता कम हो सकती है, जिससे खाद्य संकट और गरीबी में वृद्धि हो सकती है।

- गंभीर स्वास्थ्य समस्याएं: बढ़ते तापमान और चरम मौसम की घटनाओं से स्वास्थ्य समस्याओं जैसे हीट स्ट्रोक, जलजनित रोग और वायु प्रदूषण से संबंधित बीमारियों का खतरा बढ़ सकता है।

- संसाधनों पर दबाव: जलवायु परिवर्तन और जैव विविधता हानि पानी, भोजन और ऊर्जा सहित महत्वपूर्ण संसाधनों पर अतिरिक्त दबाव डाल सकती है।

- सामाजिक-आर्थिक अस्थिरता: ये संकट विस्थापन, संघर्ष और सामाजिक-आर्थिक अस्थिरता का कारण बन सकते हैं।

हमें इन संकटों का समाधान करने के लिए अभी कार्रवाई करनी चाहिए, ताकि हमारी आने वाली पीढ़ियों के लिए एक स्वस्थ और टिकाऊ ग्रह सुनिश्चित कर सकें।

कार्रवाई के लिए कॉल:

हम सभी को जलवायु परिवर्तन और जैव विविधता हानि को रोकने के लिए अपनी भूमिका निभानी चाहिए। हम व्यक्तिगत स्तर पर कार्रवाई कर सकते हैं, जैसे कि कम जीवाश्म ईंधन का उपयोग करना, अधिक टिकाऊ उपभोग करना, और प्रकृति की रक्षा करना। हम अपनी सरकारों से इन संकटों से निपटने के लिए मजबूत नीतियां बनाने का आह्वान भी कर सकते हैं।

Chapter 2: Understanding the Science

अध्याय 2: विज्ञान को समझना

मामले के अध्ययन: जलवायु परिवर्तन और जैव विविधता हानि के समुदायों और पारिस्थितिक तंत्रों पर वास्तविक दुनिया के प्रभावों के उदाहरण

जलवायु परिवर्तन और जैव विविधता हानि के प्रभाव दुनिया भर में महसूस किए जा रहे हैं, लेकिन उनका प्रभाव असमान रूप से पड़ता है। दुनिया के विभिन्न हिस्सों में समुदाय और पारिस्थितिक तंत्र इन संकटों की सबसे अधिक मार झेल रहे हैं। यहां कुछ वास्तविक दुनिया के उदाहरण हैं जो जलवायु परिवर्तन और जैव विविधता हानि के विनाशकारी प्रभावों को दशति हैं:

1. हिमालय: बदलते मौसम और हिमालय की जनजातियों का संघर्ष

हिमालय का पर्वतीय क्षेत्र दुनिया के सबसे शानदार और महत्वपूर्ण पारिस्थितिक तंत्रों में से एक है। यह लाखों लोगों का घर है, जिनमें से कई स्वदेशी जनजातियाँ सदियों से इस क्षेत्र में रह रही हैं। हालांकि, हाल के दशकों में, जलवायु परिवर्तन ने इस क्षेत्र में एक गंभीर संकट पैदा कर दिया है।

बढ़ते तापमान और बदलते मौसम के पैटर्न ने ग्लेशियरों के पिघलने, हिमस्खलन की वृद्धि और अप्रत्याशित वर्षा के पैटर्न में वृद्धि को जन्म दिया है। इससे कृषि उत्पादकता में कमी आई है, जल संसाधनों पर दबाव बढ़ा है, और हिमालय की जनजातियों की आजीविका को खतरा पैदा कर दिया है।

2. सुंदरवन डेल्टा: जलवायु परिवर्तन और तटीय समुदायों की अनिश्चितता

सुंदरवन डेल्टा दुनिया का सबसे बड़ा मैंग्रोव जंगल है, जो भारत और बांग्लादेश के तटों पर फैला है। यह अद्वितीय पारिस्थितिक तंत्र बाघों, हिरणों और पक्षियों सहित अनेक प्रजातियों का घर है। यह तटीय समुदायों के लिए भी महत्वपूर्ण है, जो मछली पकड़ने और कृषि के लिए मैंग्रोव जंगल पर निर्भर हैं।

हालांकि, सुंदरवन डेल्टा को समुद्र के स्तर में वृद्धि, तूफानों की बढ़ती आवृत्ति और तीव्रता और बढ़ते तापमान के गंभीर खतरों का सामना करना पड़ रहा है। इन खतरों ने मैंग्रोव के जंगलों को नष्ट कर दिया है, तटीय समुदायों को विस्थापित किया है, और मछली के स्टॉक को कम किया है।

3. अंडमान और निकोबार द्वीप समूह: कोरल विरंजन और समुद्री जीवन का नुकसान

अंडमान और निकोबार द्वीपसमूह हिंद महासागर में एक द्वीपसमूह है जो भारत का हिस्सा है। यह द्वीपसमूह अपने आश्चर्यजनक रूप से जीवंत प्रवाल भित्तियों के लिए प्रसिद्ध है, जो समुद्री जीवन की विविधता को आश्रय देते हैं। ये प्रवाल भित्तियाँ मछली पकड़ने के उद्योग और पर्यटन के लिए महत्वपूर्ण हैं।

हालांकि, बढ़ते समुद्री तापमान के कारण कोरल विरंजन एक गंभीर खतरा बन गया है। कोरल विरंजन कोरल के रंग को खोने और मरने का कारण बनता है, जिससे समुद्री पारिस्थितिक तंत्र पर व्यापक प्रभाव पड़ता है। इससे मछली के स्टॉक में कमी, पर्यटन उद्योग को नुकसान और तटीय समुदायों की आजीविका को खतरा हो सकता है।

पृथ्वी की जलवायु प्रणाली को समझना: ग्रीनहाउस प्रभाव, प्राकृतिक जलवायु परिवर्तनशीलता और मानव-प्रदत्त जलवायु परिवर्तन का एक बुनियादी स्पष्टीकरण

पृथ्वी एक अद्भुत ग्रह है जो जीवन को सहारा देने के लिए एकदम सही वातावरण प्रदान करता है। यह वातावरण जटिल और निरंतर परिवर्तनशील है, लेकिन यह सूर्य के प्रकाश को ऊष्मा में परिवर्तित करने और इसे बनाए रखने के लिए संतुलन बनाए रखता है, जिससे जीवन पनप सके।

ग्रीनहाउस प्रभाव: एक प्राकृतिक संतुलन

पृथ्वी का वायुमंडल एक कंबल की तरह काम करता है, जो सूर्य से गर्मी को फँसाता है और पृथ्वी की सतह को गर्म रखता है। यह "ग्रीनहाउस प्रभाव" कहलाता है। कुछ प्राकृतिक गैसें, जैसे वाष्प, कार्बन डाइऑक्साइड, मीथेन और नाइट्रस ऑक्साइड, इस प्रभाव के लिए जिम्मेदार हैं। ये गैसें सूर्य के प्रकाश को गुजरने देती हैं, लेकिन गर्मी को अंतरिक्ष में वापस जाने से रोकती हैं।

ग्रीनहाउस प्रभाव पृथ्वी पर जीवन के लिए आवश्यक है। इसके बिना, हमारा ग्रह एक ठंडा, बंजर भूमि होगा। हालांकि, अगर ग्रीनहाउस गैसों का स्तर बहुत अधिक बढ़ जाता है, तो पृथ्वी का तापमान बहुत अधिक बढ़ सकता है, जिससे जलवायु परिवर्तन हो सकता है।

प्राकृतिक जलवायु परिवर्तनशीलता: एक गतिशील पृथ्वी

पृथ्वी का जलवायु इतिहास हमेशा बदलता रहा है। प्राकृतिक कारक जैसे ज्वालामुखी विस्फोट, सौर चक्र और पृथ्वी की कक्षा में परिवर्तन जलवायु को प्रभावित करते हैं। इन कारकों के कारण तापमान में समय के साथ

उतार-चढ़ाव आया है, जिससे ग्लेशियरों के युग और गर्म अंतरालों का चक्र बना है।

ये प्राकृतिक जलवायु परिवर्तन हजारों या लाखों वर्षों में होते हैं। हालांकि, पिछले कुछ दशकों में, हमने जलवायु में तेजी से और अभूतपूर्व परिवर्तन देखा है। इस परिवर्तन का मुख्य कारण मानवीय गतिविधियां हैं, विशेष रूप से जीवाश्म ईंधन का जलना।

मानव-प्रदत्त जलवायु परिवर्तन: एक गंभीर खतरा

जीवाश्म ईंधन जलने से ग्रीनहाउस गैसों का उत्सर्जन होता है, जो वायुमंडल में जमा हो जाती है और ग्रीनहाउस प्रभाव को बढ़ा देती है। इस वृद्धि से पृथ्वी का औसत तापमान बढ़ रहा है, जिसके परिणामस्वरूप गंभीर जलवायु परिवर्तन हो रहा है।

मानव-जनित जलवायु परिवर्तन के कुछ प्रभावों में शामिल हैं:

- बढ़ता तापमान: वैश्विक औसत तापमान पिछली शताब्दी में लगभग 1 डिग्री सेल्सियस बढ़ गया है, और इस सदी के अंत तक और 2-4 डिग्री सेल्सियस बढ़ने की उम्मीद है।

- चढ़ते समुद्र के स्तर: गर्म समुद्र का पानी फैलता है, और ग्लेशियर और बर्फ की चादरें पिघल रही हैं, जिससे समुद्र का स्तर बढ़ रहा है। यह तटीय समुदायों को बाढ़ के खतरे में डालता है और भूमि के बड़े हिस्से को समुद्र में डूब सकता है।

- चरम मौसम की घटनाओं में वृद्धि: तूफान, बाढ़, सूखा और जंगल की आग जैसी चरम मौसम की घटनाएं अधिक बार और अधिक गंभीर हो रही हैं।

कृषि उत्पादकता में कमी: बढ़ते तापमान और बदलते मौसम के पैटर्न से कृषि उत्पादकता में कमी आ सकती है, जिससे खाद्य सुरक्षा के लिए खतरा पैदा हो सकता है।

कृषि उत्पादकता में कमी: बढ़ते तापमान और बदलते मौसम के पैटर्न से कृषि उत्पादकता में कमी आ सकती है, जिससे खाद्य सुरक्षा के लिए खतरा पैदा हो सकता है।

प्रतिक्रिया लूप: जलवायु परिवर्तन और जैव विविधता हानि कैसे एक दूसरे को बढ़ाते हैं, एक खतरनाक और तेज चक्र का निर्माण करते हैं

जलवायु परिवर्तन और जैव विविधता हानि हमारे ग्रह के सामने सबसे गंभीर खतरों में से दो हैं। हालांकि, ये दो संकट एक दूसरे से अलग नहीं हैं। वे एक खतरनाक "प्रतिक्रिया लूप" में फंसे हुए हैं, जहां प्रत्येक संकट दूसरे को बढ़ाता है, जिससे एक तेज और अनियंत्रित चक्र बनता है।

जलवायु परिवर्तन कैसे जैव विविधता हानि को बढ़ाता है:

- बढ़ते तापमान: प्रजातियों को उनके तापमान सीमा से बाहर धकेलना, जिससे विलुप्त होने का खतरा बढ़ जाता है।

- बदलते मौसम के पैटर्न: अप्रत्याशित वर्षा, सूखा और चरम मौसम की घटनाओं में वृद्धि, जो पारिस्थितिक तंत्र को नुकसान पहुंचाती है और प्रजातियों को विस्थापित करती है।

- समुद्र के स्तर में वृद्धि: तटीय आवासों को नष्ट करना और तटीय प्रजातियों को विस्थापित करना।

- ओशन अम्लीकरण: समुद्री जीवन के लिए हानिकारक, विशेष रूप से प्रवाल भित्तियों और शेलफिश जैसे कैल्सीफाइंग जीव।

जैव विविधता हानि कैसे जलवायु परिवर्तन को बढ़ाती है:

- जंगलों का विनाश: कार्बन डाइऑक्साइड को अवशोषित करने के लिए आवश्यक जंगलों को नष्ट करना, जिससे वायुमंडल में ग्रीनहाउस गैसों का स्तर बढ़ जाता है।

- भूमि उपयोग में परिवर्तन: कृषि और पशुपालन के लिए जंगलों और अन्य प्राकृतिक आवासों को परिवर्तित करना, जो ग्रीनहाउस गैसों का उत्सर्जन करता है।

प्रजातियों का विलुप्त होना: पारिस्थितिक तंत्रों को अस्थिर करना और उनके कार्बन को अवशोषित करने और ग्रीनहाउस गैसों को छोड़ने की क्षमता को बाधित करना।

यह प्रतिक्रिया लूप एक दुष्चक्र बनाता है, जहां प्रत्येक संकट दूसरे को बदतर बनाता है। यदि हम इन संकटों को गंभीरता से नहीं लेते हैं और तत्काल कार्रवाई नहीं करते हैं, तो परिणाम विनाशकारी हो सकते हैं।

प्रतिक्रिया लूप को तोड़ना:

जलवायु परिवर्तन और जैव विविधता हानि के खतरों को कम करने के लिए, हमें इस प्रतिक्रिया लूप को तोड़ना होगा। हमें दोनों संकटों को एक साथ संबोधित करने की आवश्यकता है।

यहाँ कुछ कार्रवाईयाँ हैं जो हम कर सकते हैं:

जीवाश्म ईंधन का उपयोग कम करें और नवीकरणीय ऊर्जा स्रोतों में संक्रमण करें।

जंगलों और अन्य प्राकृतिक आवासों को संरक्षित और बहाल करें।

जैविक खेती और पशुपालन को बढ़ावा देना।

प्रजातियों के विलुप्त होने को रोकने के लिए प्रयासों का समर्थन करें।

जलवायु परिवर्तन और जैव विविधता हानि के मुद्दों के बारे में जागरूकता बढ़ाएं।

सरकारों और व्यवसायों से जलवायु कार्रवाई और जैव विविधता संरक्षण के लिए मजबूत नीतियां बनाने का आह्वान करें।

हम सभी की भूमिका है इन संकटों का समाधान करने में। यदि हम एक साथ काम करते हैं, तो हम इस खतरनाक प्रतिक्रिया लूप को तोड़ सकते हैं और एक स्वस्थ और टिकाऊ भविष्य बना सकते हैं।

हम सभी की भूमिका है इन संकटों का समाधान करने में। यदि हम एक साथ काम करते हैं, तो हम इस खतरनाक प्रतिक्रिया लूप को तोड़ सकते हैं और एक स्वस्थ और टिकाऊ भविष्य बना सकते हैं।

वैज्ञानिक सर्वसम्मति और भविष्य के अनुमान: वर्तमान वैज्ञानिक समझ को प्रस्तुत करना और विभिन्न परिदृश्यों के तहत भविष्य के लिए भविष्यवाणियां

जलवायु परिवर्तन और जैव विविधता हानि के अध्ययन के दशकों के बाद, वैज्ञानिकों ने इस बात पर एक मजबूत सर्वसम्मति बना ली है कि ये संकट वास्तविक हैं, मानव-जनित हैं, और गंभीर परिणाम होंगे यदि हम तत्काल कार्रवाई नहीं करते हैं।

वैज्ञानिक सर्वसम्मति:

- जलवायु परिवर्तन वास्तविक है और मानव-जनित है: 97% से अधिक जलवायु वैज्ञानिक इस बात से सहमत हैं कि ग्लोबल वार्मिंग पिछली शताब्दी के मध्य से मनुष्यों द्वारा ग्रीनहाउस गैस उत्सर्जन के कारण हुई है।

- जैव विविधता हानि अभूतपूर्व दर से हो रही है: वैज्ञानिकों का अनुमान है कि वर्तमान में विलुप्त होने की दर प्राकृतिक पृष्ठभूमि दर से सैकड़ों से हजारों गुना अधिक है।

- जलवायु परिवर्तन और जैव विविधता हानि परस्पर जुड़े हुए हैं: ये दोनों संकट एक दूसरे को बढ़ाते हैं और एक खतरनाक प्रतिक्रिया लूप बनाते हैं।

भविष्य के अनुमान:

वैज्ञानिकों ने विभिन्न जलवायु मॉडल विकसित किए हैं जो भविष्य के जलवायु परिवर्तन और जैव विविधता हानि के संभावित परिणामों का अनुमान लगाते हैं। ये मॉडल ग्रीनहाउस गैस उत्सर्जन के विभिन्न स्तरों के आधार पर विभिन्न परिदृश्य प्रस्तुत करते हैं।

यदि हम ग्रीनहाउस गैस उत्सर्जन को कम करने के लिए कोई कार्रवाई नहीं करते हैं, तो हम सबसे खराब स्थिति के परिदृश्य का सामना कर सकते हैं:

- वैश्विक औसत तापमान 2100 तक 4 डिग्री सेल्सियस या उससे अधिक बढ़ सकता है।

- समुद्र का स्तर एक मीटर या उससे अधिक बढ़ सकता है, जिससे तटीय शहरों और समुदायों को बाढ़ का खतरा हो सकता है।

- चरम मौसम की घटनाएं जैसे तूफान, बाढ़, सूखा और जंगल की आग अधिक बार और अधिक गंभीर हो सकती हैं।

- कृषि उत्पादकता में कमी आ सकती है, जिससे खाद्य सुरक्षा के लिए खतरा पैदा हो सकता है।

- पानी की कमी एक गंभीर समस्या बन सकती है।

- प्रजातियों के विलुप्त होने की दर में वृद्धि होगी, जिससे जैव विविधता का एक बड़ा नुकसान होगा।

हालांकि, अगर हम ग्रीनहाउस गैस उत्सर्जन को कम करने के लिए महत्वाकांक्षी कार्रवाई करते हैं, तो हम भविष्य को बदल सकते हैं। वैज्ञानिकों का अनुमान है कि यदि हम ग्रीनहाउस गैस उत्सर्जन को तेजी से कम करते हैं, तो हम जलवायु परिवर्तन के सबसे गंभीर प्रभावों से बच सकते हैं।

हमें इन संकटों को गंभीरता से लेना चाहिए और तत्काल कार्रवाई करनी चाहिए। भविष्य हमारे हाथ में है, और हम यह चुन सकते हैं कि हम एक स्वस्थ और टिकाऊ भविष्य बनाना चाहते हैं या नहीं।

जलवायु परिवर्तन और जैव विविधता हानि से निपटने के लिए कुछ संभावित समाधान:

- नवीकरणीय ऊर्जा स्रोतों में संक्रमण।
- जीवाश्म ईंधन का उपयोग कम करना।
- ऊर्जा दक्षता में सुधार।
- जंगलों और अन्य प्राकृतिक आवासों को संरक्षित और बहाल करना।
- जैविक खेती और पशुपालन को बढ़ावा देना।
- प्रजातियों के विलुप्त होने को रोकने के लिए प्रयासों का समर्थन करना।

Chapter 3: Mitigating Climate Change:

अध्याय 3: जलवायु परिवर्तन को कम करना:

ग्रीनहाउस गैस उत्सर्जन को कम करना: डीकार्बोनाइजेशन के लिए विभिन्न रणनीतियों की खोज, जिसमें ऊर्जा दक्षता, नवीकरणीय ऊर्जा और सतत परिवहन शामिल हैं

हमारे ग्रह के सामने सबसे गंभीर खतरों में से एक जलवायु परिवर्तन का खतरा है, जो मुख्य रूप से मानव गतिविधियों से कार्बन डाइऑक्साइड और अन्य ग्रीनहाउस गैसों के उत्सर्जन के कारण होता है। ग्रीनहाउस गैस उत्सर्जन को कम करने के लिए, हमें डीकार्बोनाइजेशन की ओर तेजी से बदलाव करने की आवश्यकता है, जिसका अर्थ है जीवाश्म ईंधन पर हमारी निर्भरता को कम करना और स्वच्छ ऊर्जा स्रोतों पर स्विच करना।

डीकार्बोनाइजेशन को प्राप्त करने के लिए कई रणनीतियाँ हैं:

1. ऊर्जा दक्षता:

ऊर्जा दक्षता का अर्थ है कम ऊर्जा का उपयोग करना, बिना जीवन की गुणवत्ता को कम किए। यह विभिन्न तरीकों से प्राप्त किया जा सकता है, जैसे कि:

- इमारतों को ऊर्जा कुशल बनाने:

- बेहतर इन्सुलेशन का उपयोग करना

- ऊर्जा-कुशल प्रकाश व्यवस्था और उपकरण स्थापित करना

- स्मार्ट होम टेक्नोलॉजी का उपयोग करना

औद्योगिक प्रक्रियाओं को ऊर्जा कुशल बनाने:

नई तकनीकों का उपयोग करना

ऊर्जा-कुशल उपकरण का उपयोग करना

अपशिष्ट ऊर्जा को पुनः प्राप्त करना

व्यक्तिगत ऊर्जा खपत कम करना:

सार्वजनिक परिवहन का उपयोग करना

कारपूलिंग

कम ऊर्जा-खपत वाले उपकरणों का उपयोग करना

ऊर्जा बचाने के लिए दैनिक आदतों को बदलना

2. नवीकरणीय ऊर्जा:

नवीकरणीय ऊर्जा स्रोत सूर्य, हवा, पानी, भूतापीय ऊष्मा और जैव ईंधन जैसे प्राकृतिक संसाधनों का उपयोग करते हैं। ये स्रोत अक्षय और पर्यावरण के अनुकूल हैं, और वे ग्रीनहाउस गैस उत्सर्जन को कम करने में महत्वपूर्ण भूमिका निभा सकते हैं। नवीकरणीय ऊर्जा के कुछ उदाहरण हैं:

सौर ऊर्जा: सौर पैनलों का उपयोग करके सूर्य के प्रकाश को बिजली में परिवर्तित करना

पवन ऊर्जा: पवन टर्बाइनों का उपयोग करके हवा की गति को बिजली में परिवर्तित करना

- जल विद्युत ऊर्जा: नदियों और बांधों की जलधारा को बिजली में परिवर्तित करना
- भूतापीय ऊर्जा: पृथ्वी की आंतरिक गर्मी का उपयोग करके बिजली का उत्पादन करना
- जैव ईंधन: पौधों और पशुओं के अवशेषों से प्राप्त ईंधन

3. सतत परिवहन:

परिवहन ग्रीनहाउस गैस उत्सर्जन का एक प्रमुख स्रोत है। परिवहन के क्षेत्र में डीकार्बोनाइजेशन को प्राप्त करने के लिए, हमें सतत परिवहन विकल्पों को बढ़ावा देने की आवश्यकता है, जैसे:

- सार्वजनिक परिवहन: बसों, ट्रेनों, और सबवे का उपयोग करना
- साइकिल चलाना और पैदल चलना: सक्रिय आवागमन के विकल्पों को चुनना
- इलेक्ट्रिक वाहन (ईवी): गैसोलीन या डीजल से चलने वाले वाहनों के बजाय ईवी का उपयोग करना
- कारपूलिंग और राइड-शेयरिंग सेवाओं का उपयोग करना
- सार्वजनिक परिवहन प्रणाली में सुधार करना
- शहरों को पैदल चलने और साइकिल चलाने के लिए अधिक अनुकूल बनाना

व्यक्तियों और समुदायों को शामिल करना: व्यक्तियों को अपने दैनिक जीवन में कार्रवाई करने के लिए सशक्त बनाना और समुदाय-आधारित पहलों को बढ़ावा देना

जलवायु परिवर्तन और जैव विविधता हानि जैसे जटिल और वैश्विक मुद्दों को हल करने के लिए, व्यक्तिगत और समुदाय स्तर पर कार्रवाई आवश्यक है। व्यक्तियों को अपने दैनिक जीवन में बदलाव करके और समुदाय-आधारित पहलों में भाग लेकर महत्वपूर्ण योगदान दे सकते हैं।

व्यक्तियों को सशक्त बनाना:

- जागरूकता बढ़ाना: जलवायु परिवर्तन और जैव विविधता हानि के बारे में जानकारी प्राप्त करना और दूसरों के साथ साझा करना।

- ऊर्जा दक्षता को अपनाना: दैनिक आदतों में बदलाव करके, जैसे कम ऊर्जा-खपत वाले उपकरणों का उपयोग करना और रोशनी और उपकरणों को बंद करना जब उनका उपयोग नहीं किया जा रहा हो, ऊर्जा की बचत करना।

- नवीकरणीय ऊर्जा का उपयोग बढ़ाना: सौर पैनलों को स्थापित करने या नवीकरणीय ऊर्जा स्रोतों से बिजली प्राप्त करने वाले ऊर्जा प्रदाता को चुनने जैसे व्यक्तिगत विकल्प बनाना।

- सतत परिवहन का उपयोग करना: सार्वजनिक परिवहन का उपयोग करना, साइकिल चलाना, पैदल चलना, या कारपूलिंग करके कार्बन उत्सर्जन को कम करना।

- जलवायु-अनुकूल भोजन विकल्प बनाना: कम मांस खाने, स्थानीय रूप से उगाए गए खाद्य पदार्थों का चयन करने और खाद्य अपशिष्ट को कम करने से पर्यावरण पर हमारे प्रभाव को कम करने में मदद मिल सकती है।

- अपने समुदाय में शामिल हों: जलवायु परिवर्तन और जैव विविधता हानि से निपटने के लिए स्थानीय संगठनों और पहलों में स्वयंसेवा करना या उनका समर्थन करना।

- अपने निर्वाचित अधिकारियों से जवाबदेही मांगना: जलवायु परिवर्तन और जैव विविधता हानि को संबोधित करने के लिए मजबूत नीतियों की वकालत करना।

समुदाय-आधारित पहलों को बढ़ावा देना:

- सामुदायिक उद्यान स्थापित करना: स्थानीय रूप से भोजन उगाने और खाद्य सुरक्षा को बढ़ावा देने के लिए।

- ऊर्जा सहकारी समितियों का गठन: नवीकरणीय ऊर्जा स्रोतों में निवेश करने और ऊर्जा लागतों को कम करने के लिए।

- समुदाय-आधारित वनों की कटाई और रोपण कार्यक्रमों का आयोजन: जैव विविधता को बढ़ावा देने और पारिस्थितिक तंत्र को बहाल करने के लिए।

- स्वच्छ ऊर्जा शिक्षा कार्यक्रमों का आयोजन: लोगों को ऊर्जा दक्षता और नवीकरणीय ऊर्जा के बारे में शिक्षित करने के लिए।

- स्थानीय जलवायु परिवर्तन कार्य योजनाओं का विकास: समुदायों को उनके विशिष्ट जोखिमों को कम करने और लचीलापन बढ़ाने में मदद करने के लिए।

- समुदाय-आधारित आपदा प्रबंधन योजनाओं का विकास: जलवायु से संबंधित चरम मौसम की घटनाओं के प्रभाव को कम करने के लिए।

व्यक्तिगत और समुदाय-आधारित कार्रवाई जलवायु परिवर्तन और जैव विविधता हानि के जटिल मुद्दों को हल करने में महत्वपूर्ण भूमिका निभा सकती है। जब लोग व्यक्तिगत रूप से परिवर्तन करते हैं और अपने

समुदायों में शामिल होते हैं, तो वे एक सामूहिक आंदोलन बनाते हैं जो सकारात्मक बदलाव को प्रेरित कर सकता है।

यह याद रखना महत्वपूर्ण है कि कोई भी प्रयास छोटा नहीं है। हर छोटा कदम, जब लाखों लोगों द्वारा लिया जाता है, तो बड़ा बदलाव ला सकता है। हम सभी पर्यावरण की रक्षा के लिए और एक स्वस्थ और टिकाऊ भविष्य बनाने के लिए अपनी भूमिका निभा सकते हैं।

जलवायु न्याय के लिए वकालत करना:

सरकारों और व्यवसायों से जलवायु कार्रवाई और जैव विविधता संरक्षण के लिए मजबूत नीतियां बनाने का आह्वान करना।

जलवायु परिवर्तन और जैव विविधता हानि के प्रभावों से सबसे अधिक प्रभावित लोगों के लिए न्याय और समानता की मांग करना।

व्यक्तियों और समुदायों को सशक्त बनाना जलवायु परिवर्तन और जैव विविधता हानि को सुलझाने के लिए एक समग्र दृष्टिकोण का एक अनिवार्य हिस्सा है। व्यक्तियों और समुदायों को आवश्यक ज्ञान, उपकरण और संसाधन प्रदान करके, हम एक स्थायी और न्यायपूर्ण भविष्य बनाने के करीब एक कदम बढ़ सकते हैं।

व्यक्तियों और समुदायों को सशक्त बनाने के लिए कुछ अतिरिक्त सुझाव:

कार्यशालाएँ और प्रशिक्षण कार्यक्रम आयोजित करना: लोगों को जलवायु कार्रवाई और जैव विविधता संरक्षण में शामिल होने के लिए आवश्यक कौशल और ज्ञान प्रदान करना।

नेतृत्व विकास कार्यक्रमों का समर्थन करना: नए नेताओं को उभरने और जलवायु और पर्यावरणीय मुद्दों पर कार्रवाई करने के लिए प्रोत्साहित करना।

नीति और नियम: उत्सर्जन में कमी और सतत विकास का समर्थन करने वाली प्रभावी नीतियों और नियमों की वकालत

जलवायु परिवर्तन और जैव विविधता के नुकसान से निपटने के लिए, केवल व्यक्तिगत और समुदाय-आधारित प्रयास पर्याप्त नहीं हैं। हमें राष्ट्रीय और अंतर्राष्ट्रीय स्तर पर मजबूत नीतियों और नियमों की भी आवश्यकता है जो उत्सर्जन में कमी और सतत विकास का समर्थन करें।

प्रभावी नीतियों और नियमों के क्या लाभ हैं?

- उत्सर्जन में कमी को प्रोत्साहित करना: नीतियां और नियम व्यवसायों और व्यक्तियों को जीवाश्म ईंधन से दूर और नवीकरणीय ऊर्जा स्रोतों की ओर संक्रमण करने के लिए प्रोत्साहित कर सकते हैं।

- सतत विकास को बढ़ावा देना: नीतियां और नियम टिकाऊ भूमि उपयोग प्रथाओं को प्रोत्साहित कर सकती हैं, ऊर्जा दक्षता को बढ़ा सकती हैं, और जैव विविदता का संरक्षण कर सकती हैं।

- निवेश को बढ़ावा देना: नीतियां और नियम निवेश को नवीकरणीय ऊर्जा, ऊर्जा दक्षता और अन्य जलवायु-संबंधित प्रौद्योगिकियों की ओर स्थानांतरित करने में मदद कर सकते हैं।

- न्याय और समानता को बढ़ावा देना: नीतियां और नियम जलवायु परिवर्तन और जैव विविधता हानि के प्रभावों से सबसे अधिक प्रभावित लोगों को सहायता प्रदान कर सकते हैं।

किस प्रकार की नीतियों और नियमों की आवश्यकता है?

- कार्बन मूल्य निर्धारण: सरकारें प्रदूषण करने वालों पर कार्बन टैक्स या कार्बन ट्रेडिंग योजना लागू कर सकती हैं।

नवीकरणीय ऊर्जा मानक: सरकारें ऊर्जा उत्पादकों को अपने उत्पादन के एक निश्चित हिस्से को नवीकरणीय स्रोतों से प्राप्त करने की आवश्यकता कर सकती हैं।

ऊर्जा दक्षता मानक: सरकारें न्यूनतम ऊर्जा दक्षता मानकों को निर्धारित कर सकती हैं जिन्हें उत्पादों और इमारतों को पूरा करना चाहिए।

वन संरक्षण और बहाली नीतियां: सरकारें जंगलों के विनाश को रोकने और नष्ट हुए जंगलों को बहाल करने के लिए नीतियां लागू कर सकती हैं।

जैव विविधता संरक्षण कानून: सरकारें प्रजातियों और पारिस्थितिक तंत्रों के संरक्षण के लिए कानून बना सकती हैं।

जलवायु अनुकूलन योजनाएँ: सरकारें समुदायों को जलवायु परिवर्तन के प्रभावों से निपटने के लिए तैयार होने में मदद करने के लिए योजनाएँ बना सकती हैं।

नीति और नियमों की वकालत कैसे करें?

अपने निर्वाचित अधिकारियों से संपर्क करें: उन्हें जलवायु परिवर्तन और जैव विविधता पर कार्रवाई करने का आग्रह करें।

सार्वजनिक बैठकों और सुनवाई में भाग लें: अपनी आवाज उठाएं और नीतिगत प्रक्रिया में शामिल हों।

जलवायु और पर्यावरण संगठनों का समर्थन करें: दान करें, स्वयंसेवक बनें, और उनके अभियानों में भाग लें।

सोशल मीडिया का उपयोग करें: जलवायु परिवर्तन और जैव विविधता के बारे में जागरूकता बढ़ाएं और कार्रवाई की मांग करें।

अन्य लोगों को शामिल करें: अपने परिवार, दोस्तों और पड़ोसियों को जलवायु और पर्यावरणीय मुद्दों के बारे में शिक्षित करें और उन्हें कार्रवाई करने के लिए प्रोत्साहित करें।

हमें यह याद रखना चाहिए कि नीतिगत परिवर्तन एक लंबी प्रक्रिया है। हालांकि, निरंतर दबाव और वकालत के माध्यम से, हम मजबूत नीतियों और नियमों को लागू करने के करीब पहुंच सकते हैं जो एक स्थायी और न्यायपूर्ण भविष्य का समर्थन करते हैं।

अंतर्राष्ट्रीय सहयोग: वैश्विक सहयोग और महत्वाकांक्षी अंतर्राष्ट्रीय समझौतों के महत्व को उजागर करना

जलवायु परिवर्तन और जैव विविधता हानि जैसी वैश्विक चुनौतियों से निपटने के लिए अंतर्राष्ट्रीय सहयोग आवश्यक है। ये समस्याएं राष्ट्रीय सीमाओं को पार करती हैं और केवल एक देश द्वारा कार्रवाई करने से उनका समाधान नहीं किया जा सकता है।

अंतर्राष्ट्रीय सहयोग के महत्व को समझने के लिए, आइए देखें कि यह कैसे मदद कर सकता है:

कम उत्सर्जन लक्ष्य निर्धारित करना और उन तक पहुंचना: अंतर्राष्ट्रीय समझौतों के माध्यम से, देशों को अपने ग्रीनहाउस गैस उत्सर्जन को कम करने के लिए महत्वाकांक्षी लक्ष्य निर्धारित करने के लिए प्रोत्साहित किया जाता है। यह वैश्विक स्तर पर उत्सर्जन को कम करने के लिए आवश्यक है।

वित्त पोषण और प्रौद्योगिकी हस्तांतरण: विकसित देशों को विकासशील देशों को जलवायु कार्रवाई और जैव विविधता संरक्षण के लिए वित्तीय सहायता और तकनीकी विशेषज्ञता प्रदान करनी चाहिए। यह जलवायु परिवर्तन के प्रभावों के प्रति लचीलापन बढ़ाने में विकासशील देशों की मदद करेगा।

जानकारी और सर्वोत्तम प्रथाओं को साझा करना: अंतर्राष्ट्रीय सहयोग देशों को जलवायु परिवर्तन और जैव विविधता हानि से संबंधित जानकारी और सर्वोत्तम प्रथाओं को साझा करने में सक्षम बनाता है। यह सीखने और सुधार के अवसर प्रदान करता है।

नियमों और मानकों को विकसित करना: अंतर्राष्ट्रीय समझौतों के माध्यम से, देश व्यापार, वित्त, और अन्य क्षेत्रों में जलवायु-अनुकूल नियमों और मानकों को विकसित कर सकते हैं। यह निवेश को स्थायी प्रथाओं की ओर मोड़ने में मदद कर सकता है।

- गैर-राज्य अभिनेताओं को शामिल करना: अंतर्राष्ट्रीय सहयोग गैर-राज्य अभिनेताओं, जैसे कि व्यवसायों, शहरों, और गैर-सरकारी संगठनों को जलवायु कार्रवाई और जैव विविधता संरक्षण में शामिल करने के लिए एक मंच प्रदान करता है।

अंतर्राष्ट्रीय समुदाय ने जलवायु कार्रवाई और जैव विविधता संरक्षण के लिए कई महत्वपूर्ण समझौते किए हैं, जिनमें निम्न शामिल हैं:

- पेरिस समझौता: यह 2015 में अपनाया गया एक अंतर्राष्ट्रीय समझौता है जिसका उद्देश्य वैश्विक तापमान वृद्धि को 2 डिग्री सेल्सियस से नीचे और यथासंभव 1.5 डिग्री सेल्सियस तक सीमित करना है।

- क्योटो प्रोटोकॉल: यह 1997 में अपनाया गया एक अंतर्राष्ट्रीय समझौता है जिसका उद्देश्य विकसित देशों के ग्रीनहाउस गैस उत्सर्जन को कम करना है।

- कन्वेंशन ऑन बायोलॉजिकल डायवर्सिटी (CBD): यह 1992 में अपनाया गया एक अंतर्राष्ट्रीय समझौता है जिसका उद्देश्य जैव विविधता का संरक्षण करना और जैव विविधता के टिकाऊ उपयोग को बढ़ावा देना है।

हालांकि, इन समझौतों को और भी महत्वाकांक्षी बनाया जाना चाहिए और उनके कार्यान्वयन को सुनिश्चित करने के लिए अधिक प्रयास किए जाने चाहिए।

हम अंतर्राष्ट्रीय सहयोग को मजबूत करने के लिए क्या कर सकते हैं?

- अपने निर्वाचित अधिकारियों से संपर्क करें: उनसे अंतरराष्ट्रीय जलवायु वार्ता में भाग लेने और महत्वाकांक्षी लक्ष्य निर्धारित करने का आग्रह करें।

- जलवायु और पर्यावरण संगठनों का समर्थन करें: जो अंतर्राष्ट्रीय सहयोग के लिए काम कर रहे हैं।

- सोशल मीडिया का उपयोग करें: अंतर्राष्ट्रीय सहयोग की आवश्यकता के बारे में जागरूकता बढ़ाने के लिए।

किस प्रकार के अंतरराष्ट्रीय समझौतों की आवश्यकता है?

- पेरिस समझौता: यह अंतरराष्ट्रीय समझौता वैश्विक तापमान वृद्धि को 2 डिग्री सेल्सियस से नीचे और अधिमानतः 1.5 डिग्री सेल्सियस तक सीमित करने का लक्ष्य रखता है।

- क्योटो प्रोटोकॉल: यह अंतरराष्ट्रीय समझौता विकसित देशों को अपने ग्रीनहाउस गैस उत्सर्जन को कम करने के लिए बाध्य करता है।

- मॉन्ट्रियल प्रोटोकॉल: यह अंतरराष्ट्रीय समझौता ओजोन परत को नुकसान पहुंचाने वाले पदार्थों के उत्पादन और खपत को रोकने के लिए काम करता है।

- कन्वेंशन ऑन बायोलॉजिकल डायवर्सिटी (सीबीडी): यह अंतर्राष्ट्रीय समझौता जैव विविधता के संरक्षण, इसके सतत उपयोग और आनुवंशिक संसाधनों के उपयोग से उत्पन्न लाभों के साझा करने को बढ़ावा देता है।

अंतरराष्ट्रीय सहयोग को कैसे बढ़ावा दिया जा सकता है?

अंतर्राष्ट्रीय संगठनों को मजबूत बनाना: संयुक्त राष्ट्र जैसी संगठनों को जलवायु कार्रवाई और जैव विविधता संरक्षण के प्रयासों का समन्वय करने में सहायता करने के लिए अधिक संसाधन और अधिकार प्रदान करना।

क्षेत्रीय और द्विपक्षीय सहयोग को बढ़ावा देना: विभिन्न देशों के बीच जलवायु और पर्यावरण के मुद्दों पर सहयोग और सूचना साझा करने को प्रोत्साहित करना।

- गैर-सरकारी संगठनों (एनजीओ) और निजी क्षेत्र को शामिल करना: एनजीओ और निजी क्षेत्र को जलवायु कार्रवाई और जैव विविधता संरक्षण में महत्वपूर्ण भूमिका निभाने के लिए सशक्त बनाना।

- जलवायु और पर्यावरण के मुद्दों पर सार्वजनिक जागरूकता बढ़ाना: लोगों को जलवायु परिवर्तन और जैव विविधता हानि के बारे में शिक्षित करना और उन्हें अंतरराष्ट्रीय सहयोग का समर्थन करने के लिए प्रोत्साहित करना।

Chapter 4: Protecting Biodiversity:

अध्याय 4: जैव विविधता का संरक्षण:

संरक्षण और बहाली: मौजूदा पारिस्थितिक तंत्रों की रक्षा और क्षत-विक्षत भूमि को बहाल करने के लिए रणनीतियों का अन्वेषण

जीवन की विविधता को बनाए रखने और मानव कल्याण को सुनिश्चित करने के लिए स्वस्थ पारिस्थितिक तंत्र आवश्यक हैं। दुर्भाग्य से, मानव गतिविधियों के कारण कई पारिस्थितिक तंत्र तेजी से क्षतिग्रस्त और नष्ट हो रहे हैं। इस प्रवृत्ति को उलटने के लिए, हमें संरक्षण और बहाली के प्रयासों को तेज करने की आवश्यकता है।

संरक्षण:

संरक्षण का अर्थ है मौजूदा पारिस्थितिक तंत्रों को बरकरार रखना और उनकी रक्षा करना। यह निम्नलिखित तरीकों से प्राप्त किया जा सकता है:

संरक्षित क्षेत्रों का निर्माण: राष्ट्रीय उद्यान, वन्यजीव अभयारण्य, समुद्री संरक्षित क्षेत्र आदि जैसे संरक्षित क्षेत्रों को स्थापित करना और प्रभावी ढंग से प्रबंधित करना।

लुप्तप्राय प्रजातियों का संरक्षण: लुप्तप्राय प्रजातियों के आवासों की रक्षा करना और प्रजनन कार्यक्रमों को लागू करना।

नियंत्रित और टिकाऊ उपयोग: प्राकृतिक संसाधनों का उपयोग टिकाऊ तरीके से करना जो पारिस्थितिक तंत्रों को नुकसान नहीं पहुंचाता है।

प्रदूषण को कम करना: जल, वायु और मिट्टी के प्रदूषण को कम करने के लिए उपाय करना।

- वनों की कटाई को रोकना: जंगलों की अवैध कटाई को रोकना और टिकाऊ वन प्रबंधन प्रथाओं को लागू करना।

बहाली:

बहाली का अर्थ है क्षत-विक्षत भूमि को उसकी मूल स्थिति में वापस लाना या उसमें सुधार करना। यह निम्नलिखित तरीकों से प्राप्त किया जा सकता है:

- पौधरोपण: मूल प्रजातियों के वृक्षों और अन्य पौधों को लगाना।

- नदियों और आर्द्रभूमियों का पुनर्निर्माण: नदियों के प्राकृतिक प्रवाह को बहाल करना और आर्द्रभूमियों को जल स्तर बढ़ाकर ठीक करना।

- मृदा अपरदन को रोकना: मृदा अपरदन को रोकने के लिए ढलान स्थिरीकरण और अन्य तकनीकों का उपयोग करना।

- भूमि उपयोग परिवर्तन: कृषि भूमि को वापस प्राकृतिक आवास में परिवर्तित करना।

- आक्रामक प्रजातियों का नियंत्रण: आक्रामक प्रजातियों को हटाना जो देशी प्रजातियों और पारिस्थितिक तंत्र को नुकसान पहुंचाती हैं।

संरक्षण और बहाली के प्रयास एक साथ किए जाने चाहिए ताकि स्वस्थ पारिस्थितिक तंत्र के लिए दीर्घकालिक स्थिरता सुनिश्चित हो सके। इन प्रयासों को सफल बनाने के लिए, हमें निम्नलिखित की आवश्यकता है:

- लोक भागीदारी: स्थानीय समुदायों को संरक्षण और बहाली के प्रयासों में शामिल करना।

- वैज्ञानिक अनुसंधान: पारिस्थितिक प्रक्रियाओं को बेहतर ढंग से समझने और प्रभावी संरक्षण और बहाली रणनीति विकसित करने के लिए अनुसंधान करना।

- वित्तीय सहायता: संरक्षण और बहाली के प्रयासों के लिए पर्याप्त धनराशि सुनिश्चित करना।

- जागरूकता बढ़ाना: लोगों को पारिस्थितिक तंत्र के महत्व और संरक्षण और बहाली के प्रयासों का समर्थन करने की आवश्यकता के बारे में शिक्षित करना।

संरक्षण और बहाली के प्रयासों में निवेश करना महत्वपूर्ण है क्योंकि स्वस्थ पारिस्थितिक तंत्र मानव कल्याण के लिए आवश्यक कई लाभ प्रदान करते हैं। उदाहरण के लिए, वे हमें स्वच्छ हवा और जल, जलवायु विनियमन, बाढ़ नियंत्रण, खाद्य सुरक्षा और मनोरंजन के अवसर प्रदान करते हैं।

संरक्षण और पुनर्स्थापन क्यों महत्वपूर्ण हैं?

- जैव विविधता का संरक्षण: संरक्षण और पुनर्स्थापन प्रयास प्रजातियों और उनके आवासों को सुरक्षित रखने में मदद करते हैं, जो जैव विविधता के संरक्षण के लिए आवश्यक है।

- पारिस्थितिक तंत्र सेवाओं का संरक्षण: स्वस्थ पारिस्थितिक तंत्र हमें स्वच्छ हवा और पानी, जलवायु विनियमन, और खाद्य सुरक्षा जैसी महत्वपूर्ण सेवाएं प्रदान करते हैं। संरक्षण और पुनर्स्थापन इन सेवाओं को बनाए रखने में मदद करते हैं।

- जलवायु परिवर्तन का सामना: स्वस्थ पारिस्थितिक तंत्र कार्बन को अवशोषित कर सकते हैं और जलवायु परिवर्तन के प्रभावों को कम कर सकते हैं।

स्वदेशी ज्ञान और नेतृत्व: जैव विविधता की रक्षा में स्वदेशी समुदायों की महत्वपूर्ण भूमिका को पहचानना और उनके भूमि अधिकारों की वकालत करना

जैव विविधता के संरक्षण और एक स्थायी भविष्य बनाने के लिए स्वदेशी समुदायों का ज्ञान और नेतृत्व अमूल्य है। सदियों से, स्वदेशी समुदायों ने अपने पारिस्थितिक तंत्र के साथ गहरे संबंध विकसित किए हैं और उन्होंने अद्वितीय ज्ञान और प्रथाओं को विकसित किया है जो जैव विविधता को बनाए रखने में सहायक हैं।

स्वदेशी ज्ञान का महत्व:

- पारिस्थितिकी की गहरी समझ: स्वदेशी समुदायों के पास अपने स्थानीय पारिस्थितिक तंत्रों की गहन समझ है, जिसमें पौधों, जानवरों और पारिस्थितिक तंत्र के अन्य घटकों के बीच संबंध शामिल हैं। यह ज्ञान पारिस्थितिक तंत्र को प्रबंधित करने और जैव विविधता को बनाए रखने के लिए बेहद मूल्यवान है।

- टिकाऊ प्रथाओं का उपयोग: स्वदेशी समुदायों ने पारिस्थितिक तंत्र के साथ सहयोग करते हुए रहने के लिए टिकाऊ प्रथाओं को विकसित किया है। इन प्रथाओं में पारंपरिक कृषि पद्धतियाँ, शिकार और मछली पकड़ने के प्रथाएँ, और पारिस्थितिक तंत्र प्रबंधन प्रणालियाँ शामिल हैं।

- पारिस्थितिकी सेवाओं की सराहना: स्वदेशी समुदायों के पास पारिस्थितिक तंत्र द्वारा प्रदान की जाने वाली सेवाओं की गहरी समझ है, जैसे कि स्वच्छ हवा और पानी, मिट्टी की उर्वरता, और जलवायु विनियमन।

- आधुनिक विज्ञान के साथ एकीकरण: स्वदेशी ज्ञान को आधुनिक विज्ञान के साथ जोड़कर प्रभावी संरक्षण रणनीति विकसित की जा सकती है।

स्वदेशी नेतृत्व का महत्व:

स्थानीय स्तर पर कार्रवाई का नेतृत्व करना: स्वदेशी समुदायों के नेता अपने भूमि और संसाधनों के संरक्षण के लिए प्रभावी कार्रवाई कर सकते हैं।

जैव विविधता नीतियों के विकास में भागीदारी: स्वदेशी समुदायों को जैव विविधता नीतियों के विकास और कार्यान्वयन में शामिल किया जाना चाहिए ताकि यह सुनिश्चित किया जा सके कि उनकी आवाजें सुनी जाएं और उनके अधिकारों का सम्मान किया जाए।

अन्य समुदायों को शिक्षित करना: स्वदेशी समुदाय अन्य समुदायों को जैव विविधता के संरक्षण के महत्व के बारे में शिक्षित कर सकते हैं और अपने पारंपरिक ज्ञान और प्रथाओं को साझा कर सकते हैं।

राष्ट्रीय और अंतर्राष्ट्रीय मंचों पर वकालत: स्वदेशी समुदायों के नेताओं को राष्ट्रीय और अंतर्राष्ट्रीय मंचों पर जैव विविधता के संरक्षण और स्वदेशी अधिकारों की वकालत करनी चाहिए।

स्वदेशी भूमि अधिकारों को मान्यता देने का महत्व:

जैव विविधता संरक्षण को मजबूत बनाना: स्वदेशी समुदायों के पास उनके पारंपरिक भूमि के अधिकारों को मान्यता देने से जैव विविदता संरक्षण में सुधार होता है। स्वदेशी समुदाय अपने भूमि को प्रभावी ढंग से प्रबंधित करते हैं और उनके भूमि अधिकारों को सुरक्षित रखने से उन्हें इस महत्वपूर्ण कार्य को जारी रखने के लिए प्रोत्साहित मिलता है।

सामाजिक न्याय को बढ़ावा देना: स्वदेशी भूमि अधिकारों को मान्यता देने से ऐतिहासिक अन्याय को दूर करने और स्वदेशी समुदायों के लिए सामाजिक न्याय को बढ़ावा देने में मदद मिलती है।

भूमि अधिकारों की वकालत:

- भूमि अधिकारों की मान्यता: स्वदेशी समुदायों के भूमि अधिकारों को सरकारों द्वारा मान्यता दी जानी चाहिए। इसमें ऐतिहासिक अन्याय को दूर करने और स्वदेशी समुदायों को अपनी भूमि पर नियंत्रण वापस करने के प्रयास शामिल हैं।

- सुरक्षा और संरक्षण: स्वदेशी समुदायों की भूमि को वनों की कटाई, खनन और अन्य हानिकारक गतिविधियों से सुरक्षा की आवश्यकता है।

- भूमि अधिकारों की रक्षा के लिए कानूनी ढांचा: स्वदेशी समुदायों के भूमि अधिकारों की रक्षा के लिए मजबूत कानूनी ढांचा की आवश्यकता है।

स्वदेशी ज्ञान और नेतृत्व को कैसे बढ़ावा दिया जाए:

- स्वदेशी समुदायों के साथ काम करना: पर्यावरण संरक्षण और जैव विविधता संरक्षण के प्रयासों में स्वदेशी समुदायों के साथ साझेदारी करना महत्वपूर्ण है।

प्राकृतिक संसाधनों का टिकाऊ उपयोग: पर्यावरण को नुकसान पहुँचाए बिना मानव की जरूरतों को पूरा करने वाले प्रथाओं को बढ़ावा देना

हमारे ग्रह के प्राकृतिक संसाधन सीमित हैं। इन संसाधनों का अनियंत्रित उपयोग हमारे पर्यावरण को नुकसान पहुंचाता है और भविष्य की पीढ़ियों के लिए उनकी उपलब्धता को खतरे में डालता है। टिकाऊ उपयोग एक ऐसी अवधारणा है जो वर्तमान आवश्यकताओं को पूरा करने के लिए प्राकृतिक संसाधनों का उपयोग करने का तरीका ढूंढती है, जबकि यह सुनिश्चित करती है कि ये संसाधन भविष्य की पीढ़ियों के लिए भी उपलब्ध हों।

टिकाऊ उपयोग के सिद्धांत:

प्राकृतिक संसाधनों की पुनःपूर्ति की दर से अधिक तेजी से उनका उपयोग न करें: यह सुनिश्चित करने के लिए कि संसाधन भविष्य में भी उपलब्ध रहें, हमें उनका उपयोग उनकी पुनःपूर्ति की दर से अधिक तेजी से नहीं करना चाहिए।

प्रदूषण को कम करें: पर्यावरण को प्रदूषित करने वाले संसाधनों के उपयोग को कम करें।

कचरे को कम करें: कचरे को उत्पादन स्थल पर ही कम करने के प्रयास करें।

संसाधनों का पुनःउपयोग और पुनर्चक्रण करें: उत्पादों को लंबे समय तक उपयोगी बनाने के लिए उनका पुनःउपयोग और पुनर्चक्रण करें।

नवीकरणीय संसाधनों का उपयोग करें: नवीकरणीय संसाधन जैसे सौर ऊर्जा, पवन ऊर्जा और जल विद्युत का उपयोग करें।

टिकाऊ उपयोग के उदाहरण:

- वन प्रबंधन: जंगलों को टिकाऊ तरीके से प्रबंधित किया जा सकता है ताकि लकड़ी और अन्य उत्पादों को लगातार प्राप्त किया जा सके, साथ ही वन्यजीवों के आवास और पारिस्थितिक तंत्र सेवाओं को भी संरक्षित किया जा सके।

- मत्स्य पालन प्रबंधन: मछली के आबादी को टिकाऊ स्तर पर बनाए रखने के लिए मछली पकड़ने के प्रयासों को नियंत्रित किया जा सकता है।

- जल संरक्षण: जल संरक्षण के उपाय जैसे वर्षा जल संचयन और जल-कुशल बागवानी तकनीकों का उपयोग करके जल की मांग को कम किया जा सकता है।

- ऊर्जा दक्षता: ऊर्जा दक्षता के उपाय जैसे ऊर्जा-कुशल उपकरणों का उपयोग और ऊर्जा की खपत को कम करने के लिए परिवहन के विकल्पों का उपयोग करके ऊर्जा की मांग को कम किया जा सकता है।

- पुनर्चक्रण: पुनर्चक्रण के माध्यम से कचरे को कम किया जा सकता है और नए उत्पादों को बनाने के लिए सामग्री को पुन: उपयोग किया जा सकता है।

टिकाऊ उपयोग को बढ़ावा देने के लिए क्या किया जा सकता है:

- सार्वजनिक शिक्षा: टिकाऊ उपयोग के महत्व के बारे में लोगों को शिक्षित करना महत्वपूर्ण है।

- सरकारी नीतियां: सरकारें टिकाऊ उपयोग को प्रोत्साहित करने के लिए नीतियां बना सकती हैं, जैसे कि कर प्रोत्साहन और सब्सिडी।

- व्यवसायों की भागीदारी: व्यवसायों को टिकाऊ प्रथाओं को अपनाने के लिए प्रोत्साहित किया जा सकता है, जैसे कि ऊर्जा दक्षता और कचरे को कम करना।

- व्यक्तिगत कार्रवाई: हम सभी टिकाऊ उपयोग के सिद्धांतों को अपने दैनिक जीवन में शामिल करके अपना योगदान दे सकते हैं, जैसे कि कम संसाधनों का उपयोग करना, पुनर्नवीनीकरण करना और नवीकरणीय ऊर्जा का उपयोग करना।

टिकाऊ उपयोग के लाभ:

- पर्यावरण को संरक्षित करता है: टिकाऊ उपयोग पर्यावरण को प्रदूषण और क्षरण से बचाने में मदद करता है।

- जैव विविधता का संरक्षण करता है: टिकाऊ उपयोग प्राकृतिक आवासों को संरक्षित करने और प्रजातियों के विलुप्त होने को रोकने में मदद करता है।

टिकाऊ उपयोग के लिए प्रथाएं:

- संसाधनों का संरक्षण: हमें अपने संसाधनों का संरक्षण करना चाहिए, जैसे कि कम पानी का उपयोग करना, ऊर्जा की बचत करना, और कचरे को कम करना।

- पुनर्चक्रण और पुन: उपयोग: हमें सामग्रियों को पुनर्चक्रित और पुन: उपयोग करना चाहिए ताकि कम संसाधनों का उपयोग किया जा सके।

- नवीकरणीय ऊर्जा का उपयोग: हमें नवीकरणीय ऊर्जा स्रोतों, जैसे सौर ऊर्जा और पवन ऊर्जा, का अधिक उपयोग करना चाहिए।

- सतत कृषि प्रथाओं: हमें टिकाऊ कृषि प्रथाओं को अपनाना चाहिए जो मिट्टी की उर्वरता को बनाए रखती हैं और जैव विविधता का संरक्षण करती हैं।

- जिम्मेदार वानिकी प्रबंधन: हमें जिम्मेदार वानिकी प्रबंधन का अभ्यास करना चाहिए, ताकि वनों की कटाई को रोकने में मदद मिल सके और जंगलों को पुनर्जीवित किया जा सके।

- परिवहन के सतत मोड: हमें कम कारों का उपयोग करने और सार्वजनिक परिवहन, साइकिल और पैदल चलने जैसे अधिक टिकाऊ परिवहन मोड को अपनाने के लिए प्रोत्साहित करना चाहिए।

टिकाऊ उपयोग को बढ़ावा कैसे दें:

- शिक्षा और जागरूकता: हमें लोगों को प्राकृतिक संसाधनों के महत्व और टिकाऊ उपयोग के लाभों के बारे में शिक्षित करने की आवश्यकता है।

- नीति और नियमों: हमें टिकाऊ उपयोग को प्रोत्साहित करने और पर्यावरण को नुकसान पहुंचाने वाली गतिविधियों को हतोत्साहित करने के लिए नीतियों और नियमों को लागू करने की आवश्यकता है।

- नवाचार और प्रौद्योगिकी: हमें नए और अभिनव तरीकों का विकास करने के लिए निवेश करना चाहिए जो हमें संसाधनों का अधिक कुशलता से उपयोग करने में सक्षम बनाए।

- सभी का सहयोग: टिकाऊ उपयोग को सफल बनाने के लिए सभी को अपनी भूमिका निभानी होगी, जिसमें व्यक्ति, समुदाय, व्यवसाय और सरकारें शामिल हैं।

हमें यह याद रखना चाहिए कि टिकाऊ उपयोग एक यात्रा है, कोई मंजिल नहीं। हमें लगातार अपनी आदतों को बदलने और नई प्रथाओं को अपनाने के लिए काम करना चाहिए जो हमारे ग्रह के लिए बेहतर हैं।

जैव विविधता का नुकसानः प्रणालीगत परिवर्तन के माध्यम से समाधान

जैव विविधता का नुकसान एक वैश्विक संकट है जिसका सामना हमारी पीढ़ी कर रही है। यह संकट केवल पर्यावरण का मुद्दा नहीं है, बल्कि यह हमारी अर्थव्यवस्था, खाद्य सुरक्षा, और मानव स्वास्थ्य के लिए भी गंभीर खतरा है। जैव विविधता के नुकसान को रोकने के लिए, हमें अपने आर्थिक और सामाजिक प्रणालियों में व्यापक परिवर्तन करने की आवश्यकता है।

आर्थिक और सामाजिक प्रणालियाँ जैव विविधता के नुकसान में कैसे योगदान करती हैं?

अतिउत्पादन और अतिउपभोग: हमारी वर्तमान आर्थिक प्रणाली अनंत मात्रा में संसाधनों के निरंतर उत्पादन और खपत पर आधारित है, जो हमारे ग्रह की सीमित क्षमता से परे है। यह प्रणाली प्राकृतिक संसाधनों के अत्यधिक उपयोग और पारिस्थितिक तंत्रों के विनाश की ओर ले जाती है।

अस्थिर कृषि पद्धतियाँ: वर्तमान कृषि प्रणालियाँ मोनोकल्चर, अत्यधिक उर्वरक और कीटनाशक उपयोग, और औद्योगिक पशुपालन पर निर्भर करती हैं। ये प्रथाएं मिट्टी की उर्वरता को कम करती हैं, जल प्रदूषण को बढ़ाती हैं, और जैव विविधता को नष्ट करती हैं।

अनियंत्रित बाजार: वर्तमान बाजार प्रणाली प्राकृतिक संसाधनों पर वास्तविक मूल्य नहीं लगाती है। यह प्रणाली अल्पकालिक लाभ को प्राथमिकता देती है और लंबी अवधि के पर्यावरणीय और सामाजिक लागतों को ध्यान में नहीं रखती है।

असमानता और सामाजिक अन्यायः असमानता और सामाजिक अन्याय जैव विविदता के नुकसान में महत्वपूर्ण भूमिका निभाते हैं। गरीब और हाशिए के समुदायों को अक्सर प्राकृतिक संसाधनों से लाभ के अवसरों से

वंचित किया जाता है और इस प्रकार वे अपनी आजीविका के लिए पर्यावरण को नुकसान पहुंचाने वाली गतिविधियों पर निर्भर होते हैं।

जैव विविधता के नुकसान को रोकने के लिए किन प्रणालीगत परिवर्तनों की आवश्यकता है?

- परिपत्र अर्थव्यवस्था की ओर बदलाव: हमें एक रैखिक अर्थव्यवस्था से एक परिपत्र अर्थव्यवस्था में बदलने की जरूरत है, जो संसाधनों के कुशल उपयोग और पुनर्चक्रण पर आधारित है।

- सतत कृषि प्रणालियों को बढ़ावा देना: हमें पारिस्थितिकी तंत्र-आधारित कृषि प्रणालियों को अपनाने की जरूरत है जो जैव विविधता को बढ़ावा देती हैं, मिट्टी की उर्वरता बनाए रखती हैं, और जल प्रदूषण को कम करती हैं।

- बाजार प्रणाली का सुधार: हमें प्राकृतिक पूंजी को वास्तविक मूल्य देने के लिए बाजार प्रणाली में सुधार करने की आवश्यकता है। यह पारिस्थितिकी तंत्र सेवाओं के लिए भुगतान, प्रदूषण पर कर और पर्यावरणीय मानकों को मजबूत करने जैसी रणनीतियों के माध्यम से किया जा सकता है।

- समानता और सामाजिक न्याय को बढ़ावा देना: हमें गरीब और हाशिए के समुदायों को सशक्त बनाने और उन्हें टिकाऊ विकास में भाग लेने के लिए अवसर प्रदान करने की आवश्यकता है। यह शिक्षा, स्वास्थ्य सेवा और आर्थिक अवसरों तक पहुंच में सुधार के माध्यम से किया जा सकता है।

- व्यक्तिगत जिम्मेदारी लेना: प्रत्येक व्यक्ति को जैव विविधता के संरक्षण में अपनी भूमिका निभाने की जरूरत है। हम अपने उपभोग को कम कर सकते हैं, टिकाऊ उत्पादों का चयन कर सकते हैं और पर्यावरण-अनुकूल जीवन शैली अपना सकते हैं।

जैव विविधता की रक्षा और बहाली के लिए, हमें अपने आर्थिक और सामाजिक प्रणालियों में गहरा बदलाव लाने की जरूरत है। यहां कुछ समाधान दिए गए हैं:

परिपत्र अर्थव्यवस्था में संक्रमण: हमें एक रैखिक अर्थव्यवस्था से एक परिपत्र अर्थव्यवस्था में संक्रमण करने की आवश्यकता है, जो कचरे को कम करने, सामग्रियों को पुनर्चक्रित करने और उत्पादों को अधिक टिकाऊ बनाने पर केंद्रित है।

टिकाऊ उपभोग को बढ़ावा देना: हमें लोगों को कम उपभोग करने और कम संसाधन-गहन जीवन शैली अपनाने के लिए प्रोत्साहित करने की आवश्यकता है।

आर्थिक मॉडल में परिवर्तन: हमें एक नए आर्थिक मॉडल की आवश्यकता है जो ग्रह की सीमाओं को ध्यान में रखता है और पर्यावरण और सामाजिक कल्याण को प्राथमिकता देता है।

असमानता को कम करना: जैव विविधता को बचाने के लिए, हमें सामाजिक और आर्थिक असमानता को कम करने की आवश्यकता है। इसमें सभी के लिए शिक्षा, स्वास्थ्य सेवा और अन्य बुनियादी सेवाओं तक पहुंच सुनिश्चित करना शामिल है।

सब्सिडी में सुधार: हमें हानिकारक गतिविधियों के लिए सब्सिडी को समाप्त करना और अधिक टिकाऊ गतिविधियों को सब्सिडी देना चाहिए।

कानूनी ढांचे को मजबूत बनाना: हमें पर्यावरण को बचाने और जैव विविधता की रक्षा करने के लिए मजबूत कानूनों और प्रभावी प्रवर्तन की आवश्यकता है।

Chapter 5: Building a Sustainable Future

अध्याय 5: एक सतत भविष्य का निर्माण

नए प्रतिमान को अपनाना: स्थायित्व और परस्पर संबंध को महत्व देने वाली एक नई मानसिकता की ओर बदलाव

दुनिया जटिल चुनौतियों का सामना कर रही है, जिनमें जलवायु परिवर्तन, जैव विविधता हानि, सामाजिक अन्याय और असमानता शामिल हैं। इन चुनौतियों का समाधान करने के लिए, हमें मौजूदा व्यवस्था को बनाए रखने के बजाय एक नए प्रतिमान की ओर एक मौलिक परिवर्तन की आवश्यकता है। इस नए प्रतिमान में स्थायित्व और परस्पर संबंध को केंद्रीय महत्व दिया जाएगा।

स्थायित्व का अर्थ है वर्तमान पीढ़ी को अपनी आवश्यकताओं को पूरा करने के लिए संसाधनों का उपयोग करने का तरीका खोजना, लेकिन भविष्य की पीढ़ियों के लिए उन संसाधनों की उपलब्धता सुनिश्चित करना। यह पारिस्थितिकी, अर्थव्यवस्था और समाज के सभी पहलुओं को एकीकृत करने वाली एक समग्र सोच है।

परस्पर संबंध इस बात को स्वीकार करता है कि हम सभी - मनुष्य, पौधे, जानवर, और पृथ्वी स्वयं - एक दूसरे से जुड़े हुए हैं। हम सभी एक ही पारिस्थितिक तंत्र का हिस्सा हैं, और हमारे कार्यों का एक दूसरे पर और ग्रह पर गहरा प्रभाव पड़ता है।

नए प्रतिमान की विशेषताएं:

- दीर्घकालिक सोच: हम वर्तमान लाभ के बजाय भविष्य की पीढ़ियों के कल्याण को प्राथमिकता देंगे।

- सर्वांगीणता: हम पर्यावरण, अर्थव्यवस्था और समाज को एक दूसरे से अलग नहीं देखेंगे, बल्कि उन्हें एकीकृत रूप से देखेंगे।

- सहयोग: हम व्यक्तिगत लाभ से अधिक सामूहिक भलाई पर ध्यान केंद्रित करेंगे।

- न्याय: हम सभी लोगों के लिए समानता और न्याय सुनिश्चित करने का प्रयास करेंगे।

- सादगी और संयम: हम कम से अधिक जीने का प्रयास करेंगे और भौतिकवाद पर कम जोर देंगे।

- प्रकृति के साथ सद्भाव: हम खुद को प्रकृति से अलग नहीं देखेंगे, बल्कि उसके एक अभिन्न अंग के रूप में देखेंगे।

नए प्रतिमान को कैसे अपनाएं:

- शिक्षा: हमें बच्चों को कम उम्र से ही स्थायित्व और परस्पर संबंध के मूल्यों के बारे में शिक्षित करना चाहिए।

- जागरूकता बढ़ाना: हमें अधिक से अधिक लोगों को इन मुद्दों के बारे में जागरूक करने और कार्रवाई करने के लिए प्रोत्साहित करने की आवश्यकता है।

- व्यवहार परिवर्तन: हमें अपने स्वयं के जीवन में बदलाव करने की जरूरत है, जैसे कि कम संसाधनों का उपयोग करना, अधिक टिकाऊ उत्पाद खरीदना, और पर्यावरण के अनुकूल व्यवहार करना।

- नीतिगत परिवर्तन: हमें सरकारों को ऐसी नीतियां बनाने के लिए प्रेरित करना चाहिए जो स्थायित्व और परस्पर संबंध को बढ़ावा देती हैं।

- नवाचार और प्रौद्योगिकी: हमें नए, टिकाऊ समाधान विकसित करने के लिए विज्ञान और प्रौद्योगिकी में निवेश करने की आवश्यकता है।

- संस्कृति और कला: हमें कला और संस्कृति का उपयोग लोगों को प्रेरित करने और स्थायित्व के संदेश को फैलाने के लिए करना चाहिए।

नए प्रतिमान की ओर परिवर्तन एक आसान काम नहीं है। इसमें समय, प्रयास और बलिदान की आवश्यकता होगी। लेकिन यह एक ऐसा परिवर्तन है जो आवश्यक है यदि हम एक स्वस्थ और समृद्ध भविष्य बनाना चाहते हैं।

हमें यह याद रखना चाहिए कि परिवर्तन संभव है। इतिहास में ऐसे कई उदाहरण हैं जहां समाज ने बड़े पैमाने पर परिवर्तन किया है और बेहतर के लिए बदल गया है। यदि हम सभी मिलकर काम करते हैं, तो हम एक नया प्रतिमान बना सकते हैं जो सभी के लिए एक स्थायी और न्यायपूर्ण भविष्य सुनिश्चित करता है।

इस परिवर्तन में प्रत्येक व्यक्ति की भूमिका है। हम सभी एक अंतर लाने के लिए कर सकते हैं। अपनी आवाज उठाएं, कार्रवाई करें, और दूसरों को शामिल करें।

हमारी अर्थव्यवस्थाओं को बदलना: एक ऐसा भविष्य बनाना जो न्यायपूर्ण, समान और ग्रह की सीमाओं के भीतर हो

हमारी वर्तमान आर्थिक प्रणाली अस्थिर और अन्यायपूर्ण है। यह असमानता पैदा करती है, पर्यावरण को नुकसान पहुंचाती है, और भविष्य की पीढ़ियों के लिए खतरा है। एक स्थायी और समृद्ध भविष्य बनाने के लिए, हमें अपनी अर्थव्यवस्थाओं को बदलने की जरूरत है।

एक नई अर्थव्यवस्था के सिद्धांत:

न्याय: सभी लोगों को अवसरों और संसाधनों तक समान पहुंच होनी चाहिए। इसका मतलब है कि गरीबी, भेदभाव और असमानता को कम करना

स्थायित्व: अर्थव्यवस्था को ग्रह की सीमाओं के भीतर काम करना चाहिए। इसका अर्थ है जलवायु परिवर्तन को रोकना, जैव विविधता की रक्षा करना, और प्राकृतिक संसाधनों का संरक्षण करना

सहयोग: अर्थव्यवस्था को सभी के लाभ के लिए काम करना चाहिए। इसका मतलब है कि शक्ति और धन के स्रोतों को अधिक समान रूप से वितरित करना, और सहकारी व्यवसाय मॉडल को बढ़ावा देना

भलाई: अर्थव्यवस्था को लोगों की भलाई को बढ़ावा देना चाहिए। इसका मतलब है कि मानसिक और शारीरिक स्वास्थ्य, शिक्षा, और सामाजिक संबंधों को प्राथमिकता देना

हमारी अर्थव्यवस्थाओं को कैसे बदलें:

परिपत्र अर्थव्यवस्था का निर्माण: हमें एक रैखिक अर्थव्यवस्था से एक परिपत्र अर्थव्यवस्था में संक्रमण करने की आवश्यकता है, जो उत्पादों को लंबे समय तक टिकाऊ बनाने, कचरे को कम करने और सामग्रियों को पुनर्चक्रित करने पर केंद्रित है।

- नवीकरणीय ऊर्जा में संक्रमण: हमें जीवाश्म ईंधन से नवीकरणीय ऊर्जा स्रोतों, जैसे सौर और पवन ऊर्जा में संक्रमण करना चाहिए।

- स्थानीय अर्थव्यवस्थाओं को मजबूत बनाना: हमें स्थानीय व्यवसायों और उत्पादकों का समर्थन करने और स्थानीय खाद्य प्रणालियों को मजबूत बनाने की आवश्यकता है।

- सामान्य आय और सामाजिक सुरक्षा: हमें गरीबी को कम करने और असमानता को कम करने के लिए सार्वभौमिक आय और मजबूत सामाजिक सुरक्षा जाल लागू करने पर विचार करना चाहिए।

- कर प्रणालियों में सुधार: हमें धन को ऊपर की ओर ले जाने और सार्वजनिक सेवाओं के वित्तपोषण के लिए एक अधिक प्रगतिशील कर प्रणाली लागू करने की आवश्यकता है।

- कॉर्पोरेट जवाबदेही बढ़ाना: हमें व्यवसायों को पर्यावरण और सामाजिक प्रभावों के लिए अधिक जवाबदेह बनाने की आवश्यकता है।

- वित्तीय प्रणाली में सुधार: हमें वित्तीय प्रणाली को अधिक टिकाऊ और न्यायपूर्ण बनाने की आवश्यकता है।

एक नई अर्थव्यवस्था के लाभ:

- स्थिरता: एक नई अर्थव्यवस्था पर्यावरण को कम नुकसान पहुंचाएगी और भविष्य की पीढ़ियों के लिए ग्रह को बचाएगी।

- न्याय: एक नई अर्थव्यवस्था सभी लोगों के लिए अवसरों और संसाधनों तक अधिक समान पहुंच प्रदान करेगी।

- समृद्धि: एक नई अर्थव्यवस्था सभी के लिए एक उच्च जीवन स्तर का समर्थन करेगी।

- लचीलापन: एक नई अर्थव्यवस्था जलवायु परिवर्तन और अन्य चुनौतियों के लिए अधिक लचीली होगी।

आगे बढ़ने के लिए:

एक नई अर्थव्यवस्था का निर्माण एक लंबी और कठिन प्रक्रिया होगी। लेकिन यह एक ऐसा लक्ष्य है जो हमारे प्रयासों के लायक है। यदि हम सभी मिलकर काम करते हैं, तो हम एक ऐसा भविष्य बना सकते हैं जो न्यायपूर्ण, समान और ग्रह की सीमाओं के भीतर है।

एक नए आर्थिक मॉडल के घटक:

डोनट अर्थव्यवस्था: यह मॉडल एक सुरक्षित और स्वस्थ ग्रह के भीतर सामाजिक न्याय और मानवीय कल्याण को बढ़ावा देता है।

परिपत्र अर्थव्यवस्था: यह मॉडल कचरे को कम करने और संसाधनों को पुनर्चक्रित करने पर केंद्रित है।

नई मुद्रा प्रणाली: यह प्रणाली वर्तमान आर्थिक प्रणाली की अस्थिरता और असमानता को दूर करने के लिए वैकल्पिक मुद्रा प्रणालियों का पता लगाती है।

सहयोगी अर्थव्यवस्था: यह मॉडल स्वामित्व से अधिक साझाकरण और सहयोग को बढ़ावा देता है।

स्थानीय अर्थव्यवस्थाएं: यह मॉडल स्थानीय समुदायों में आर्थिक गतिविधियों को मजबूत करने और स्थानीय स्वायत्तता को बढ़ावा देने पर केंद्रित है।

परिवर्तन के लिए कार्रवाई:

इस नए आर्थिक मॉडल को अपनाने के लिए, हमें व्यक्तिगत और सामूहिक दोनों स्तरों पर कार्रवाई करने की आवश्यकता है।

- व्यक्तिगत स्तर: हम अपने स्वयं के उपभोग आदतों को बदल सकते हैं, स्थानीय व्यवसायों का समर्थन कर सकते हैं, और पर्यावरण के अनुकूल उत्पादों का चयन कर सकते हैं।

- सामूहिक स्तर: हम नई आर्थिक नीतियों की वकालत कर सकते हैं, सहयोगी व्यवसायों और पहलों का समर्थन कर सकते हैं, और आर्थिक न्याय के लिए सामाजिक आंदोलनों में शामिल हो सकते हैं।

आशा और लचीलापन का पोषण: शिक्षा, संचार और सामाजिक आंदोलनों के माध्यम से व्यक्तिगत और सामूहिक कार्रवाई को बढ़ावा देना

हम आज एक ऐसी दुनिया में रहते हैं जो तेजी से बदलाव और गंभीर चुनौतियों का सामना कर रही है। जलवायु परिवर्तन, सामाजिक अन्याय, और जैव विविधता हानि जैसे मुद्दे भारी लग सकते हैं, जिससे निराशा और निष्क्रियता की भावना पैदा हो सकती है। हालांकि, यह महत्वपूर्ण है कि हम आशा को बनाए रखें और लचीलापन का निर्माण करें, क्योंकि यही हमें कार्रवाई करने और एक बेहतर भविष्य बनाने के लिए प्रेरित करेगा।

आशा और लचीलापन का पोषण क्यों महत्वपूर्ण है?

प्रेरणा: आशा हमें आगे बढ़ने और कठिनाइयों के सामने भी कार्रवाई करने के लिए प्रेरित करती है। यह हमें कल्पना करने की अनुमति देता है कि एक बेहतर भविष्य संभव है और हमें इसके लिए प्रयास करने के लिए प्रेरित करता है।

लचीलापन: लचीलापन हमें चुनौतियों का सामना करने और असफलताओं से उबरने की क्षमता प्रदान करता है। यह हमें परिवर्तन के लिए अनुकूल बनाने और कठिन परिस्थितियों में भी सकारात्मक दृष्टिकोण बनाए रखने में मदद करता है।

सामूहिक कार्रवाई: आशा और लचीलापन हमें दूसरों के साथ जुड़ने और सामाजिक आंदोलनों के माध्यम से परिवर्तन को प्रभावित करने के लिए प्रेरित करते हैं। जब हम एक साथ आते हैं और एक आम लक्ष्य के लिए काम करते हैं, तो हम असंभव को भी संभव बना सकते हैं।

व्यक्तिगत स्तर पर आशा और लचीलापन कैसे विकसित करें?

- आत्म-देखभाल का अभ्यास करें: अपनी शारीरिक और मानसिक स्वास्थ्य का ध्यान रखना महत्वपूर्ण है। पर्याप्त नींद लें, स्वस्थ भोजन करें, नियमित व्यायाम करें और तनाव प्रबंधन तकनीकों का अभ्यास करें।

- कृतज्ञता का अभ्यास करें: अपने जीवन के सकारात्मक पहलुओं के लिए आभारी होना एक आशावादी दृष्टिकोण विकसित करने में मदद करता है। प्रत्येक दिन कुछ चीजों के लिए आभारी होने के लिए समय निकालें।

- सकारात्मक संबंध बनाएं: सहायक और उत्साहजनक लोगों से घिरे रहने से आपको आशावादी रहने और कठिन समय में लचीलापन बढ़ाने में मदद मिल सकती है।

- अपने जुनून का पालन करें: उन गतिविधियों में संलग्न होने से जो आपको खुशी और उद्देश्य प्रदान करती हैं, आप आशावादी और प्रेरित रह सकते हैं।

- छोटी जीत का जश्न मनाएं: हर छोटी सफलता को मनाने से आपको आशा बनी रहती है और आगे बढ़ने के लिए प्रेरित करती है।

शिक्षा और संचार के माध्यम से आशा और लचीलापन को कैसे बढ़ावा दिया जाए:

- यथार्थवादी लेकिन आशावादी शिक्षा: हमें लोगों को चुनौतियों के बारे में शिक्षित करना चाहिए, लेकिन साथ ही उन्हें समाधानों और प्रगति के बारे में भी बताना चाहिए। यह आशा और कार्रवाई को प्रेरित करने में मदद करेगा।

- सकारात्मक कहानियों को साझा करना: सफलता की कहानियों को साझा करना और लोगों को दिखाना कि कैसे दूसरों ने चुनौतियों का सामना किया है, आशा को बढ़ावा देने और कार्रवाई को प्रेरित करने में एक शक्तिशाली उपकरण हो सकता है।

कला और संस्कृति का उपयोग करना: कला, संगीत, और साहित्य लोगों को भावनात्मक रूप से जुड़ने और आशा और लचीलापन के बारे में संदेशों को आत्मसात करने में मदद कर सकते हैं।

मीडिया साक्षरता को बढ़ावा देना: लोगों को मीडिया द्वारा प्रस्तुत जानकारी का महत्वपूर्ण विश्लेषण करने के लिए कौशल विकसित करने की आवश्यकता है।

युवाओं और भविष्य की पीढ़ियों की भूमिका: सकारात्मक परिवर्तन लाने में अग्रणी भूमिका निभाने के लिए युवाओं को सशक्त बनाना

हमारे ग्रह का भविष्य युवाओं के हाथों में है। आने वाली पीढ़ियों के लिए एक स्वस्थ और न्यायपूर्ण दुनिया बनाने के लिए, युवाओं को सकारात्मक बदलाव लाने के लिए नेतृत्व की भूमिका लेने के लिए सशक्त बनाना आवश्यक है।

युवाओं के पास अद्वितीय क्षमताएं हैं जो उन्हें नेता बनाती हैं:

- नवीन विचार और ऊर्जा: युवाओं में नई चीजों को आजमाने और स्थापित व्यवस्था को चुनौती देने की इच्छा होती है। वे रचनात्मक और अभिनव समाधानों के साथ आ सकते हैं और सकारात्मक परिवर्तन को आगे बढ़ा सकते हैं।

- आदर्शवाद और जुनून: युवा अक्सर एक बेहतर दुनिया के लिए आदर्शों और जुनून से भरे होते हैं। यह जुनून उन्हें असफलताओं का सामना करने और कठिन परिस्थितियों में भी सकारात्मक बदलाव के लिए लड़ते रहने की ताकत देता है।

- तकनीक का ज्ञान: युवा पीढ़ी डिजिटल युग में बड़ी हुई है और तकनीक के बारे में गहरा ज्ञान रखती है। वे सोशल मीडिया और अन्य डिजिटल प्लेटफार्मों का उपयोग सकारात्मक बदलाव लाने के लिए कर सकते हैं।

- विविधता और समावेश: युवाओं में विविध पृष्ठभूमि और जीवन के अनुभव हैं। यह विविधता समावेशी नेतृत्व को बढ़ावा देती है और सभी आवाजों को सुनने में मदद करती है।

युवाओं को नेतृत्व की भूमिकाओं के लिए कैसे सशक्त बनाया जाए:

शिक्षा और प्रशिक्षण: युवाओं को नेतृत्व कौशल, संचार कौशल और सामाजिक और पर्यावरणीय मुद्दों के बारे में ज्ञान विकसित करने के लिए शिक्षा और प्रशिक्षण की आवश्यकता है।

आर्थिक अवसर: युवाओं को अपना खुद का व्यवसाय शुरू करने, सामाजिक उद्यमों में शामिल होने और अपनी आर्थिक स्वतंत्रता हासिल करने के अवसरों की आवश्यकता है।

राजनीतिक भागीदारी: युवाओं को चुनाव प्रक्रिया में भाग लेने और राजनीतिक निर्णय लेने में अपनी आवाज उठाने के लिए प्रोत्साहित किया जाना चाहिए।

सहभागिता और स्वयंसेवा: युवाओं को सकारात्मक परिवर्तन लाने वाले संगठनों में स्वयंसेवा करने और भाग लेने के लिए प्रोत्साहित किया जाना चाहिए।

संसाधनों और सहायता प्रदान करना: युवा नेताओं को उनके प्रयासों में सफल होने के लिए आवश्यक संसाधन और सहायता प्रदान की जानी चाहिए।

सकारात्मक परिवर्तन के लिए युवा कार्रवाई के उदाहरण:

जलवायु परिवर्तन के खिलाफ लड़ाई: दुनिया भर में युवा जलवायु कार्यकर्ता जलवायु परिवर्तन के खतरों के बारे में जागरूकता बढ़ाने और कार्रवाई करने के लिए दबाव बनाने के लिए आंदोलन कर रहे हैं।

सामाजिक न्याय के लिए लड़ाई: युवा नस्लीय समानता, LGBTQ+ अधिकारों, और अन्य सामाजिक न्याय मुद्दों के लिए लड़ने के लिए आंदोलनों का नेतृत्व कर रहे हैं।

स्वच्छ ऊर्जा और पर्यावरण संरक्षण: युवा स्वच्छ ऊर्जा स्रोतों को विकसित करने और पर्यावरण को बचाने के लिए नई तकनीकों का आविष्कार कर रहे हैं।

- शिक्षा और स्वास्थ्य तक पहुंच बढ़ाना: युवा शिक्षा और स्वास्थ्य सेवाओं तक पहुंच बढ़ाने के लिए समुदाय-आधारित पहल शुरू कर रहे हैं।

युवाओं को सशक्त बनाने के तरीके:

- शिक्षा और कौशल विकास: युवाओं को सकारात्मक बदलाव लाने के लिए आवश्यक ज्ञान और कौशल से लैस करने के लिए शिक्षा और कौशल विकास के अवसरों में निवेश करना आवश्यक है। इसमें नेतृत्व, संचार, महत्वपूर्ण सोच, और समस्या समाधान जैसे कौशल शामिल हैं।

- प्रतिनिधित्व और भागीदारी: युवा लोगों को निर्णय लेने की प्रक्रिया में शामिल होना चाहिए जो उनके जीवन को प्रभावित करते हैं। इसका मतलब है सरकार, व्यवसाय, और अन्य संस्थानों में युवा प्रतिनिधित्व सुनिश्चित करना और युवाओं को अपनी आवाज उठाने और सुने जाने का अवसर प्रदान करना।

- संसाधन और वित्त पोषण: युवाओं को अपने विचारों और पहलों को लागू करने के लिए आवश्यक संसाधनों और वित्तीय सहायता तक पहुंच प्रदान करना महत्वपूर्ण है। इसमें युवा उद्यमिता का समर्थन करना, युवा संगठनों को धन देना, और युवाओं के नेतृत्व वाली पहलों के लिए निवेश करना शामिल हो सकता है।

- सहयोग और नेटवर्किंग: युवाओं को एक-दूसरे से जुड़ने और सहयोग करने के अवसर प्रदान करना महत्वपूर्ण है। यह उन्हें संसाधनों और जानकारी साझा करने, एकजुट होने और बड़ा प्रभाव डालने में मदद कर सकता है।

आह्वानः एक शक्तिशाली निष्कर्ष स्थिति की तात्कालिकता को सारांशित करता है और पाठकों को कार्रवाई करने के लिए प्रेरित करता है।

हम जिस दुनिया में रहते हैं वह एक चौराहे पर खड़ी है। जलवायु परिवर्तन, जैव विविधता का नुकसान, सामाजिक अन्याय, और आर्थिक असमानता जैसी गंभीर चुनौतियों का सामना करते हुए, हमारे पास एक विकल्प है: या तो यथास्थिति को बनाए रखना और जोखिम उठाना कि ये समस्याएं और भी बदतर हो जाएंगी, या फिर कार्रवाई करना और एक बेहतर भविष्य बनाना।

अगर हम कार्रवाई नहीं करते हैं, तो परिणाम विनाशकारी होंगे। जलवायु परिवर्तन के प्रभाव पहले से ही पूरे विश्व में महसूस किए जा रहे हैं, जिससे अत्यधिक मौसम की घटनाओं, खाद्य असुरक्षा, और बड़े पैमाने पर विस्थापन हो रहा है। जैव विविधता का नुकसान भी बढ़ रहा है, जिससे पारिस्थितिकी तंत्र का पतन और वन्यजीवों की विलुप्ति हो रही है। सामाजिक अन्याय और आर्थिक असमानता भी बढ़ रही है, जिससे समाज में विभाजन और अस्थिरता पैदा हो रही है।

लेकिन हमें निराश होने की जरूरत नहीं है। एक बेहतर भविष्य संभव है, लेकिन यह तभी होगा जब हम सभी मिलकर काम करेंगे। हमें अपनी सरकारों, व्यवसायों, और स्वयं से परिवर्तन की मांग करने की आवश्यकता है।

यहां कुछ कदम हैं जो आप आज उठा सकते हैं:

जानकारी प्राप्त करें: इन मुद्दों के बारे में खुद को शिक्षित करें और दूसरों को भी शिक्षित करें। जितना अधिक हम जानते हैं, उतनी ही प्रभावी ढंग से हम कार्रवाई कर सकते हैं।

- आवाज उठाओ: अपनी सरकार के अधिकारियों, व्यवसायों और मीडिया को अपनी चिंता बताएं। मांग करें कि वे जलवायु परिवर्तन, जैव विविधता के नुकसान, सामाजिक अन्याय, और आर्थिक असमानता से निपटने के लिए कार्रवाई करें।

- कार्रवाई करें: स्थानीय आंदोलनों में शामिल हों, पर्यावरण के अनुकूल विकल्प बनाएं, और दूसरों को कार्रवाई करने के लिए प्रेरित करें।

- उम्मीद रखें: हार मत मानो। एक बेहतर भविष्य संभव है, और हम सभी इसे बनाने में अपनी भूमिका निभा सकते हैं।

हम सभी में सकारात्मक बदलाव लाने की क्षमता है। आपका योगदान, चाहे कितना भी छोटा, एक फर्क पड़ेगा। तो आज ही कार्रवाई करें और एक बेहतर भविष्य बनाने में मदद करें।

आइए साथ मिलकर काम करें और एक ऐसी दुनिया बनाएं जो सभी के लिए न्यायपूर्ण, समतावादी और टिकाऊ हो।

याद रखें, परिवर्तन संभव है। इतिहास में ऐसे कई उदाहरण हैं जहां लोगों ने एक साथ मिलकर बड़ा बदलाव किया है। यदि हम सभी एकजुट होकर काम करते हैं, तो हम एक ऐसा भविष्य बना सकते हैं जो हम सभी के लिए आशा और अवसर प्रदान करता है।

www.ingramcontent.com/pod-product-compliance
Lightning Source LLC
LaVergne TN
LVHW020937200726
843506LV00011B/2038